世界の黄砂・風成塵

成瀬敏郎
兵庫教育大学大学院教授

築地書館

はじめに

数千キロメートルもの長い距離を風で運ばれる土は、日本や韓国では黄砂《こうさ》と呼ばれている。この黄砂と同じような現象は世界の各地で観測されており、とくに珍しいものではない。

黄砂を含めた「風で運ばれる土」は風成塵《ふうせいじん》 eolian dust と呼ばれており、サハラ沙漠、アジア内陸部の沙漠、オーストラリアの沙漠をはじめ、地球上に分布する多くの沙漠から多量の風成塵が運ばれ、風下にあたる地表や海洋底に降り注いでいる。

現在、世界各地に風で運ばれる風成塵のほとんどは沙漠から舞い上げられたものであるが、寒冷な氷期には沙漠のほかに、南極やグリーンランドのように広大な氷でおおわれた大陸氷床や、ヨーロッパアルプスのアレッチ氷河のように谷にできた氷河から供給されるものも多かった。それは、氷期には沙漠のほかに大陸氷床や谷氷河が拡大し、しかも風が強かったためであり、現在よりもはるかに風成塵の量が多く、大げさにいえば氷期は黄塵万丈の世界であったと考えられている。

とくに、約七万年前から一万年前までの最終氷期に運ばれた大量の風成塵は、地表に累積し、今日の農業を支える貴重な土壌母材になった。ウクライナや北米のグレートプレーンズ、南米のパンパなど、世界の穀倉と呼ばれる地域には、氷期に運ばれた風成塵が堆積してレス（黄土）を形成し、それを母材にした肥沃な黒土が分布している。この黒土地帯で生産される農産物が私たちの食生活を支えており、貴重な食糧資源は氷期に堆積した黄砂・風成塵によるといっても過言ではない。

本書では、風で運ばれる土のことを風成塵と呼ぶが、とくに黄砂と呼ぶ場合にはタクラマカン（タクリマカンと呼ぶこともある）沙漠やゴビ沙漠、内モンゴルの沙漠、それに黄土高原を主な給源とし、偏西風ジェット気流によって運ばれる土に限定している。

黄砂は北海道から与那国島までの日本列島全体に運ばれているが、最終氷期には瀬戸内海よりも南の地域にしか運ばれず、瀬戸内海よりも北の地域にはシベリアやモンゴルに出現した巨大な沙漠から風成塵が運ばれていた。すなわち、氷期と間氷期とでは、黄砂の運ばれる地域が異なっていたのではないかと考えている。

二〇世紀に入ってから世界的に始まった急速な土地開発によって、土壌侵食が拡大するようになった。その結果、森林や草原を切りひらいた農地から舞い上がる風成塵が増加するようになったのである。その典型的な例が、アメリカ合衆国で一九三〇年代に発生した大規模な土壌風食ダストボウル（一五四ページ参照）であった。

日本を含む東アジアでも、近年、中国内陸部の土地開発が引き起こしたと考えられる黄砂現象が多発するようになった。さらに、黄砂が汚染物質を吸着し、韓国や日本まで汚染物質が運ばれることがはっきりしてきた。

この風成塵が研究対象になったのは、ヨーロッパでは一八世紀からであり、風成塵が堆積した地層――レス（黄土）――は第四紀を象徴する物質といわれてきた。しかし、日本では一九八〇年代まで黄砂に関する本格的な研究が少なかった。日本列島に飛来する黄砂の量がそんなに多くなく、せいぜい空が黄色に霞む程度であるために、黄砂が何を意味するかについてはあまり関心が払われなかったからである。

さらに、黄砂・風成塵が堆積してできたレス（黄土）についても研究が少なかった。それは、日本では多くの火山灰が堆積しており、しかも温暖湿潤な気候下で岩石の風化がさかんであり、火山灰や基盤岩の風化した物質とレスとの識別が難しかったことや、傾斜地が多く、降水量が多いために、風成塵物質が累積して地層を形成することが少なかったことがその大きな理由である。

一九九〇年代になって、両極地の氷床コアに含まれる風成塵や大西洋海底に堆積する風成塵が、過去の気候変動を示していることがはっきりしてからは、日本でも風成塵やレス（黄土）に少しずつ関心が集まるようになり、名古屋大学（一九九一）による本格的な黄砂に関する書籍や、それに関連する学術論文が出版・報告されるようになった。その結果、現在の黄砂量はそんなに多くないが、氷期にはその数倍もあり、各地にその堆積層が残っていることなどが明らかになってきた。

そして現在では、黄砂・風成塵が過去数十万年という長い年月をかけてアジア大陸から日本列島や韓国に運ばれ、私たちの生活に重要な土壌の母材になり、海洋底の活性化に貢献していることが日本でもしだいに認知されるようになっている。

風成塵やレス（黄土）の研究は、けっして単一の研究分野で成立するものではない。一例として、二〇〇二年から同志社大学と漢陽大学を中心とする日韓考古学共同研究によって、韓国黄土に着目した韓国の旧石器調査が進展するようになった。この研究では考古学をはじめ、地形学、地質学、火山灰層序学、古地磁気学などの専門家が共同で調査研究に携わっている。その結果、何層にも積み重なるレス（黄土）層の間から出土する旧石器の編年が可能になり、韓国の考古学、地質・地形学の研究者の間でレス・黄土に関心が集まっている。

本書は、これまであまり知られていなかった世界の黄砂・風成塵と、その堆積物であるレス（黄土）について、私の足かけ二五年にわたる研究の一端を紹介したい。そして、黄砂・風成塵とは何か、レス（黄土）が私たちの生活にどう役立っているのか、地球の環境破壊と黄砂・風成塵との関係などについて、多くの方々に知っていただければ、私にとってこのうえない幸せである。

目次

第7章 日本各地のレス

第8章 気候変動とレス・風成塵

第9章 風成塵・レスの恩恵と災害

第1章　風で運ばれる黄砂・風成塵

黄砂・風成塵

風成塵とは風によって空中を運ばれる微細物質のことである。春から初夏にかけて、日本上空に頻繁に飛来する黄砂も風成塵に含まれる。このほか、海浜や河床から舞い上がる微砂、土壌粒子、火山灰、花粉、胞子類、プラントオパール（植物珪酸体）、海塩などの自然物質や、自動車や工場から出る煤煙、都市の塵埃、放射性降下物などの人為物質も風成塵の仲間である。これらのなかで、本書では、人為物質や自然物質のうちでも火山灰や花粉、胞子類、プラントオパール、海塩を除いたものを対象としている。

英語では eolian dust、あるいは aeolian dust が使われるが、最近では米英語の eolian dust が研究論文に多く使用されるようになっている。このほか、風成塵が多く運ばれているサハラ沙漠周辺ではサハラダスト、アジアではアジアダストなどのように地域名で呼ぶこともある。

中国では黄砂のことを、雨土《ユートゥー》、霾《マイ》、雨沙《ユーサー》などと呼んでいるほか、雨霾、雨黄土、雨泥、雨黄沙なども使われることがある。この場合、雨が動詞であれば「降る」という意味であり、雨土とは土埃が空から降ってくることをいう。台湾では黄風《ホウアンフウン》、韓国では黄砂《ホワンサ》と呼ばれている。

日本にやってくる黄砂は、タクラマカンやゴビ、内モンゴルなどといった中国内陸部の沙漠や黄土《ホワントウ》高原などから、数千メートルの上空を吹くジェット気流によって北緯三〇〜四〇度の範囲に運ばれ、日本だけでなく、太平洋をわたって遠くハワイ諸島や、時にはアメリカ大陸の西岸まで運ばれる現象が衛星写真に写っている。

世界には、黄砂と同じように風で運ばれる細粒な風成塵が広く知られている。とくにサハラ沙漠の周辺では、沙漠で舞い上がり、周辺地域に運ばれる「サハラダスト（風成塵）」が、大航海時代からしばしば報告されている（図1）。

サハラダストのうち、北東貿易風ハルマッタンによって頻繁に運ばれる風成塵が、北緯一〇〜二〇度の大西洋海域に達して、陽射しを遮ることが多いために、モーリタニアの沖、約七〇〇キロメートルにあるヴェルデ岬諸島付近は「暗い海」と呼ばれているほどである。このサハラ風成塵が日射を遮るとき、上空が紅色や黄色、時には黒色に変ずることがあるという（図2）。

『さまよえる湖』の著者であり、中国内陸部の探検家として名高いスウェーデンのスウェン・ヘディンは、タクラマカン沙漠で発生する砂嵐には「サリクブラン（黄色い砂嵐）」と「カラブラン（黒い

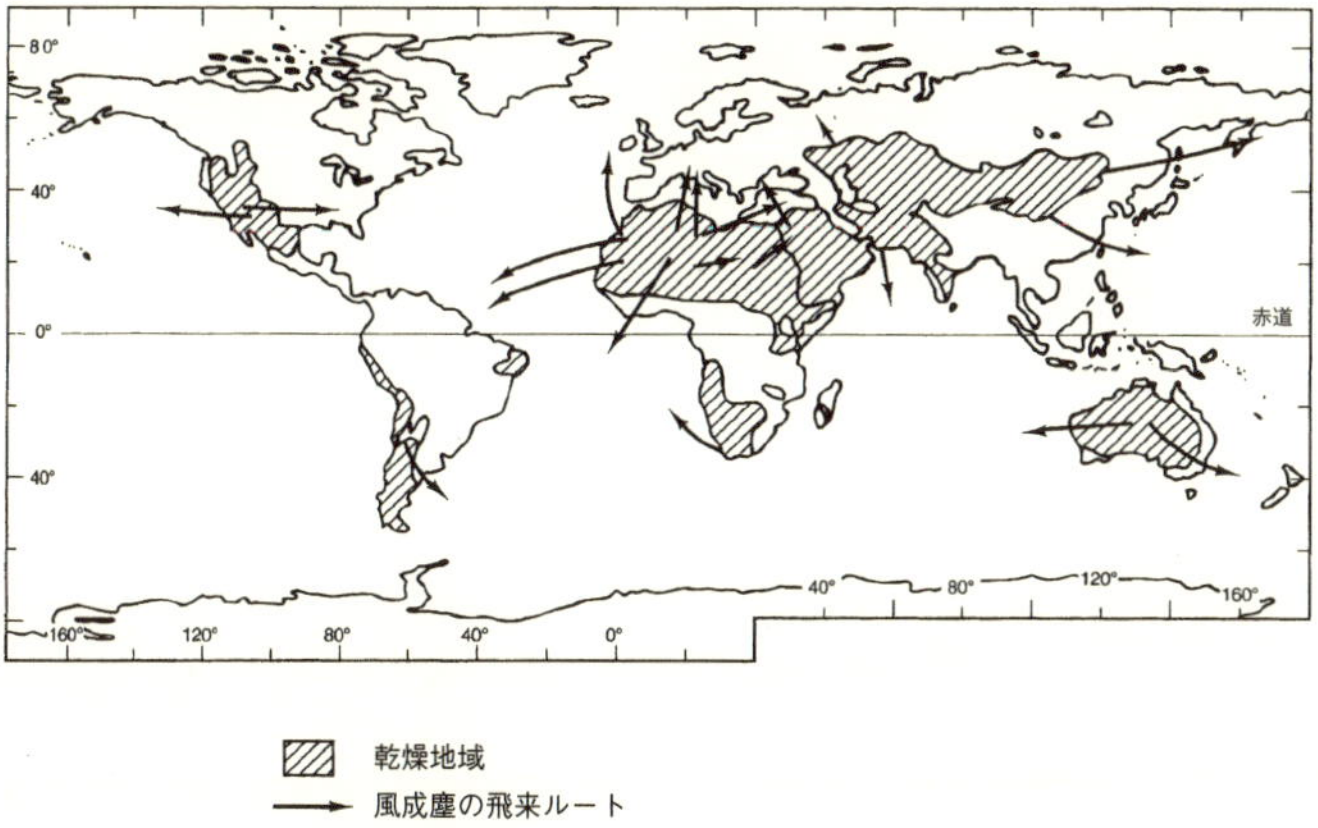

図1　世界の黄砂・風成塵飛来コース（Middleton *et al.*, 1986）

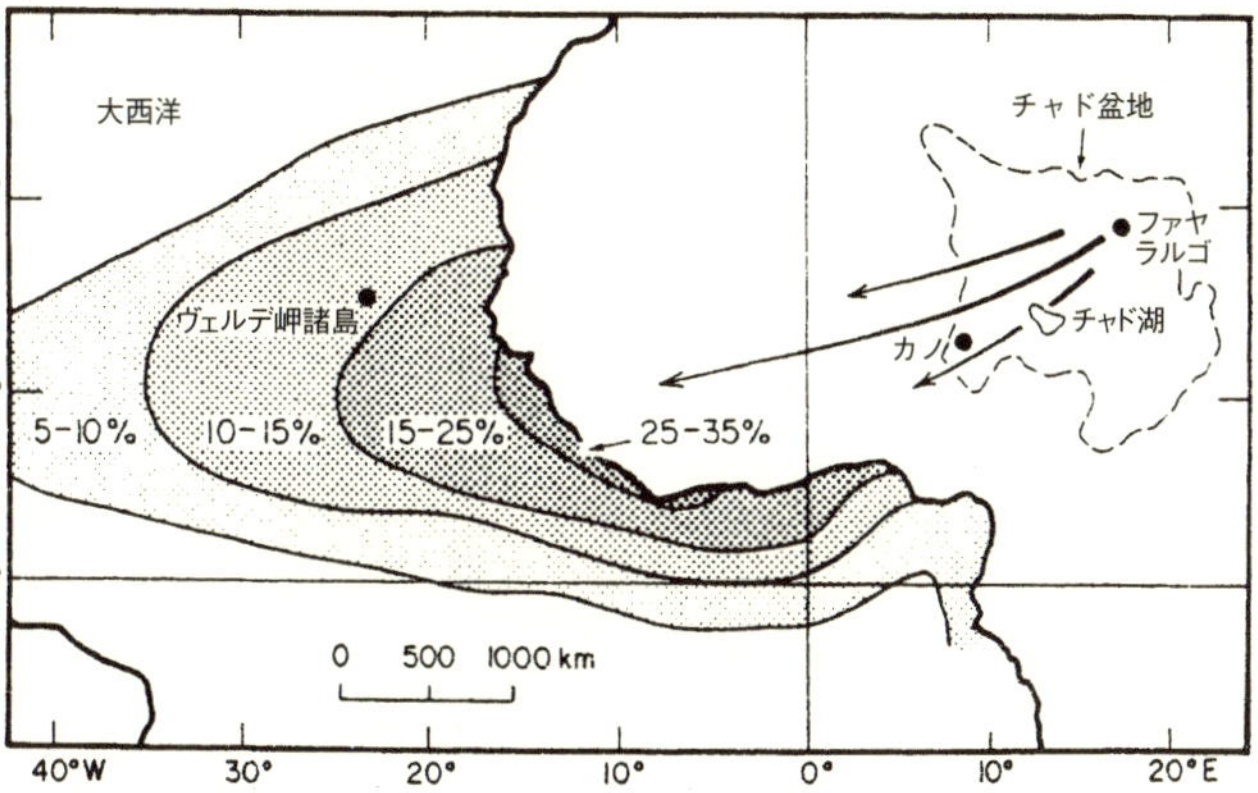

図2　チャド盆地とサハラからハルマッタンによって運ばれる風成塵
（McTainsh & Walker, 1982）
図中の数字は、風成塵石英の含有率

砂嵐)」があり、サリクブランよりもカラブランのほうが砂嵐の規模が大きいという(鈴木啓造訳)。いずれも砂嵐が発生すると、上空が黄砂のために色が変わると記している。

このほか、古来より使われてきた中国の「黄塵万丈天日ために暗し」という表現は、黄砂が上空に立ちこめて日射を遮る情景を表わしている。日本ではこの黄塵万丈という表現を、李白が秋浦歌のなかで詠った「白髪三千丈」とともに誇大表現のたとえとして使うことが多いが、実際に黄砂が一〇〇〇メートル近く舞い上げられて日射を遮る光景を見ると、この表現がけっして誇大ではないことがわかる。

中国の霾

霾《マイ》という文字は、『中文大辞典』によると、黄河下流域にあたる大邑商《ダイシャン》の殷墟《いんきょ》から出土した亀の腹甲に刻まれた甲骨文字のなかにある。霾は、黄砂が上空から降るために空が薄暗くなる現象のことである。当時は、亀甲にできた亀裂状態によって占いを行なったとされ、何を占ったのかを刻んだものが卜辞《ぼくじ》で、これが漢字の起源になっている。

殷は三七〇〇~三一〇〇年前に栄えた王朝である。王朝初期の領土は、黄河《ホワンホー》中流域の三門峡《サンメンシア》から洛陽《ルオヤン》、鄭州《チョンチョウ》にかけて広がっており、その勢力圏は現在の西安《シーアン》あたりから、南は長江《チャンチアン》、東は黄河下流域、北は北京あたりまでであった。この圏内は黄砂が頻繁に通過する地域にあたっているので、霾の文字が甲骨文字のなかにあってもなんら不思議なことではない。甲骨文字は三四〇〇年前あたりから使用されはじめたと考えられているので、霾に関する記述はもっとも古いもので三四〇〇年前にさかのぼることになる。

中国最古の詩集である五経のひとつ『詩経』にも、霾や雨土の字が使われている。『詩経』は殷代から春秋時代までの詩三一一編を収めたもので、孔子が撰んだという説も伝えられている。三一〇〇〜二六〇〇年前にまとめられた『詩経』のうち、終風には「終風且霾、恵然肯来、莫往莫来、悠悠我思」とあり、霾の文字が見える。

この詩は、吉川幸次郎注によると、「一日じゅう吹く風はやがて砂の雨（霾）を降らし始めた。あの人も時々は気が落ち着くと私のそばへやって来ることがある。しかし来るでもなく来ないでもないというとき、そのときの私の胸のなさけなさ」という嘆きの気持ちが詠われている。

そして全四章からなるこの終風には、「この日は一日中風が吹いた。やがて強い風に変わり、霾となった。この霾のために日射しが遮られて空は暗くなり、私の心も暗い気持ちでいっぱいになった」という一節もある。この「暗い」という意味をもつ霾に、詠み人の深い嘆きがこめられている。

このほか、紀元前後の漢代初期に書かれた『爾雅《アルヤ》』には、「風而雨土曰霾陰而風為曀」（風が吹いて土を降らすことを霾という。陰《くも》りて風が吹くことを曀《えい》という）とある。

西暦二四〇〜四四五年に著された『後漢書』にも霾霧のことが記載されており、「時気錯逆、霾霧蔽日」（郎顗伝）という記述が見える。霾霧が日射を遮ったために、季節が逆転したようである、という意味である。

これらの文書にあるように、私たちが春から初夏にかけて黄河流域を訪れると、連日のように空が霞んでいるので驚くことが多い。

シルクロードの街として発展し、黄河に臨む蘭州《ランチョウ》市は、黄土高原を刻む谷に広がっている。市街地のすぐ背後にある黄土高原の上から眼下に広がっている街を眺めようとしても霞んで見えないことが多い。高原は市街地よりも二〇〇メートルしか高くないのに、街の眺望がきかないのである。

蘭州市の上空が霞んでいる原因は、霾のほかに、重化学工業が発達しており、市内の工場群から大量に排出される大気汚染物質が混じっているからだともいわれる。私たちは青空が見えないとなんとなく憂鬱な気分になるが、黄河流域が政治文化の中心として栄えた時代に、中原をめざした稀代の英雄たちは、霞んだ空をごく日常の出来事として眺めていたにちがいない。

沙漠で舞い上がった黄砂が風によって運ばれ、地表に厚く堆積した黄土は、中国の長江以北に住む人びとの日常生活と密接に結びついており、万物生成の母なる土壌母材になっている。そして黄土地帯を流れ、黄土を溶かしこんで流れる大黄河は、流域に住む人びとに潤いと肥沃を与えてくれる父なる流れとされている。

黄土が広く分布する黄河流域では、空、土地、水の灰黄色は黄河流域においてはごくありふれた色彩であり、人民の支配者に黄帝という地上最高の称号を付与したことからもわかるように、黄土の灰黄色は古くから神聖な色であった（松崎、一九六〇）。

韓国の黄砂

韓国では、前述のように黄砂という用語が使われている。韓国は中国に近いので、日本よりも黄砂の飛来量や飛来回数が多く、春になるとソウルの市街地は毎日のように霞む。そのため、韓国のテレビではときどき黄砂の特集番組が組まれる。ひどい黄砂日には、呼吸器や目に異常を訴える人が多くなっているようである。そんな日は、豚の三枚肉《サンギョプル》の焼肉を食べて喉をさっぱりさせるという。

二〇〇一年三月に、市街地に近い金浦《キムポ》空港から西に四五キロメートルほど離れた龍游《ヨンユ》島《ド》と永宗《ヨンゾン》島《ド》の間に仁川《インチョン》国際空港が建設された。この新空港が金浦空港よりも黄砂の被害を多く受けるのではないかと危惧する報道があったほど、とくに西海岸一帯に頻繁に黄砂が飛来する。これまでも黄砂による視界低下が原因で、国内線が欠航したことが何度もあったようである。

金ほか（二〇〇二）によると、韓国の文献に残っている黄砂に関する記録のなかに、新羅朝の西暦一七四年に「春正月雨土」の記載があるという。雨土とは中国で使われている用法と同じく、土が降るという意味である。

そののちに著された『三国史記』『高麗史』などの歴史書にも土雨、霾が記録されている。

『三国史記』（一一四五年編纂）（井上秀雄訳注）には、高句麗国本紀第五、第一五代の美川王前紀《ミチョンワン》（三〇〇～三三一）に、「冬十月、王都に黄色い霧がで、天地四方をとじこめた」とある。黄色い霧が黄砂であるのかどうかは判然としないが、中国のサリクブラン（黄色い砂嵐）を彷彿させる。

さらに百済本紀第二、近仇首王前紀《グングスワン》――枕流王《チムリュワン》の三七九年には「夏四月、土が一日中降った」とある。土が降るというのは黄砂現象そのものであり、時期もぴったりである。

このほか百済本紀第三には、西暦四四五年に「秋九月、黒龍が漢江にあらわれると、たちまち雲や霧がたちこめてくらくなり、（黒龍が）飛び去った」とある。これは、旧暦九月に北から寒気が吹きこんだために発生した竜巻を表現した描写であろうか。あるいはひどい黄砂現象を指したものか判然としないが、中国のカラブラン（黒い砂嵐）にそっくりな描写である。

芭蕉と黄砂

日本では黄砂の名前がポピュラーであるが、南西諸島では山霧《やまきー》、赤霧《あかきー》、灰西《はーにし》という。この地方名から、黄砂で山が霞んで見える様子や、黄砂がやってくると空が赤色や灰色に霞む様子がうかがえる。

このほか、黄砂の別称である霾は「つちふる」と読み、「霾《よな》ぐもり」、霾天《つちふる》、霾風《つちふる》、黄塵などとともに春の季語になっている。

俳諧の世界でよく知られているこの季語は、松尾芭蕉の『奥の細道』にも出てくる。芭蕉は尿前《しとまえ》の関から出羽国尾花沢に出るとき、途中の山刀伐峠《なたぎり》の難路が険しく危険であるので、屈強な若者に先導されてこの難所を通過した。道すがら、「高山森々として一鳥声聞かず、木の下闇茂り合ひて夜行くがごとし。雲端につちふる心地して」と記している。この「雲端につちふる」（空から黄砂が降る）は杜甫の句からの引用とされている（頴原退蔵・尾形仂訳注）。

「雲端につちふる」の漢詩句は、杜甫が詠った七言律「鄭駙馬宅宴洞中」（鄭駙馬の邸宅で催された洞中での宴）の一節「已入風磴霾雲端」にある（鈴木虎雄訳注）。

この句は、初夏の暑さを遮る涼しい洞中の宴、邸宅のすぐれた景観、涼やかな風を詠んだものである。鄭駙馬の邸宅が長安《チャンアン》にあったので、初夏の涼風が吹くとゴビ沙漠や黄土高原から運ばれた砂塵が霾となってつちふることは、ごく日常のことであった。

しかし、芭蕉は霾に出会った経験がなかったためか、空から土が降ってくる霾を異常な事象、あるいは文字どおり砂塵が日射を遮り、夕方のように空が暗くなる現象と考えたのではないだろうか。昼なお暗く深い山中を歩く心細さを「雲端につちふる心地して」で表現している。

たしかに霾では、ひどい砂嵐の場合、大量の黄砂が上空に舞い上げられるので、日射が遮られ、夕方のように暗くなる「霾翳《ばいえい》」もあるが、実際には薄曇り程度が多いのである。したがって、芭蕉の「つちふる（暗い）心地」とは、生涯を旅に終えた漂泊の詩人杜甫の生きざまと、漂泊の旅を理想の境地として追い求めた芭蕉自身の人生を、あえて重ね合わせようとした表現ではないだろうか。

日本の黄砂

日本に黄砂がやってきたとしても、地震、大雨、飢饉などといった天災と違って、深刻な被害をもたらす天変地異にはほど遠いので、古来より黄砂に関する記述は少ないように思われる。日本では、黄砂がやってくると空が変色する程度であって、暗さを表わす「霾」ほどには黄砂濃度が高くないので、「灰西」などの表現で十分であった。

そのなかに黄砂を詠ったと思われる歌として、『万葉集』に作者未詳の「天霧らひ　日方吹くらし水茎の　岡の水門に　波立ち渡る」がある。天霧とは空全体が曇った状態をいうのであるが、この歌の場合、天霧が黄砂によって霞んだ情景を表現したとすれば、この歌の大意は「玄界灘に面する遠賀川河口の岡湊から見ると、遠くの空が黄砂で霞み、夜となく昼となく風が吹いて玄界灘の荒波が立っているのが見える」とでも解釈できようか。岡湊は古くから良港として栄え、今でもこの地に岡湊神社が置かれている。

私たちが使っている黄砂という言葉はいつごろから使われているのだろうか。唐代（六一八―九〇七）に著された『南史』に、「天雨　黄沙」（空から黄砂が降る）とあり、黄砂または黄沙の文字が見える。このほか黄塵、黄埃、黄烟などが見える。つまり日本で使われている黄砂という用語は、中国から伝わってきたものであることがわかるが、いつごろから一般化したのであろうか。

明治初期の新聞用語集（一九五九）には黄砂の文字が見あたらないので、もう少し後になってからであろうか。大正時代には黄砂という文字が使われるようになっているので、明治中期から大正年代の間に一般化した可能性がある。なお、日本では明治八年から気象観測が始まり、明治一六年から天気図が刊行されている。

黄砂の記録が残されている唐代の都が置かれた長安は、現在の西安市の市街地にほぼ重なっている。その西安市に降る黄砂の粒度組成を見ると、二〇ミクロンよりも粗い微砂が三〇～五〇%も含まれている。したがって降ってきた黄砂を手にするとさらさらした感じを受けるので、黄色い砂という表現にあまり違和感はない。砂とは国際法で二～〇・〇二ミリメートル（二〇ミクロン）の大きさの粒子と決められている。

日本にやってくる黄砂は、大きいものでもせいぜい三〇ミクロンほどで、平均の大きさは一〇ミクロン以下である。つまり黄砂は砂からできているのではなく、泥・シルト（二～二〇ミクロン）が大部分を占めている。したがって黄砂という表現は正しくなく、黄泥あるいは黄塵とでも呼ぶほうが適当であろうか。

しかし私たちは泥という語からは、泥まみれ、泥をかぶる、どろどろとしたなど、あまり良いイメージを受けない。塵についても似たようなものである。一方、砂のほうは、さらさらとした、ものごとに執着しない、潔いといったイメージがある。このように黄泥・黄塵よりも黄砂という呼び名のほうが感覚的にも合っているために、「黄砂」という言葉が一般化したのかもしれない。

春の風物詩――黄砂

黄砂は春の風物詩といわれ、春先から初夏にかけて低気圧が通過したのちに、中国内陸部の沙漠や黄土高原から運ばれてくる。韓国をはじめ、日本列島では南西諸島から北海道まで、ほぼ全域に運ばれる。

黄砂がやってくると空が灰黄色に霞み、しばらくすると上空で黄砂が核となって雨滴を生じ、雨が降ることがある。この雨のことを与那国島では粉雨《ふんあみい》、泥雨《どうるあみい》などという。

中国や韓国では空から土が降ってくるという意味を表わす「雨土」が使われたが、日本では黄砂を含む雨が降ったあとで車が汚れていることに気づく程度なので、泥雨や粉雨などの表現で十分であったと思われる。

西日本では、雨に混じって降ってくる黄砂で車や窓ガラスが汚れることが多くなる。一九五九年一月一三日に沖縄に飛来した黄砂は視界が一キロメートル以下で、日中でも車のライトを点灯するほどであったという。

二〇〇二年三月二一日から翌二二日にかけて、北海道に黄砂が運ばれたことが記憶に新しい。黄砂になじみの薄い北海道の人びとは大変驚いたようで、北海道にも黄砂が運ばれることを認識させるきっかけになった。

このときの黄砂は、三月一九日から二〇日にかけて中国の甘粛省《カンスー》や内モンゴルなどで広域に砂塵暴《サーチェンボー》

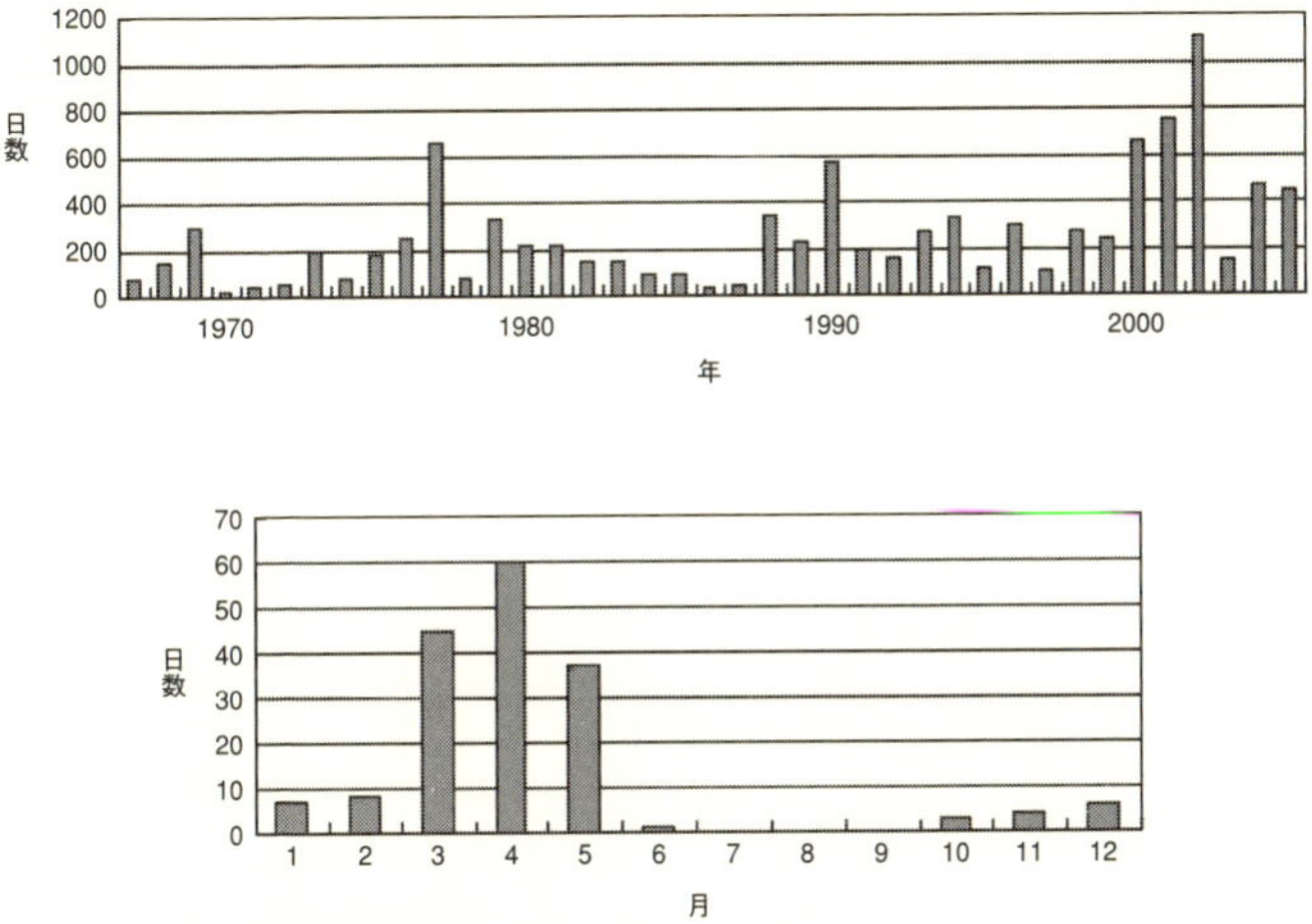

図3　日本の黄砂観測日数
上：年別黄砂観測のべ日数（気象庁、2005年12月31日現在）
国内103カ所の観測点で観測した日数の合計
下：長崎市における1914〜1975年の月別黄砂日数（荒生ほか、1979）

が発生し、偏西風によって北海道に運ばれたものである。

　発生源のすぐ風下にあたる北京市内は十年来のひどい状況で、視界が非常に悪かったという。二一日には韓国のソウルに黄砂がおしよせ、韓国の国内航空便の多くが欠航している。

　このほか、北海道には、一九五五年四月一二日にもかなりの量の黄砂が飛来したことが、三宅ほか（一九五六）の論文に紹介されている。この日、旭川では雨とともに降った灰褐色の黄砂がメガネを汚すほどであったと記録されている。

　こうした黄砂の観測は目視によって記録される。したがって、黄砂が原因で空が霞んでいるのか、大気中に水蒸気量が多いために霞んでいるのかを判別するのは難しい。しかも曇りの日には黄砂観測が不可能であるので、黄砂日数の記録をどのように評価するのか難しい点がある。そのため、黄砂の発源地と日本では観測日数が多いのに、中間にある韓国や中国沿岸部では少ないことがある。

このような制約はあるものの、一九一四〜一九七五年の記録によると、黄砂観測日数は三月に増加しはじめ、四月にピークを迎えている。経年変化を見ると、黄砂観測のべ日数は一九六七〜二〇〇五年の三九年間に増加年と減少年が見られる（**図3**）。

なお、**図3**のように、黄砂観測日数は季節によって大きく異なり、とくに夏季には観測されていないが、黄砂の飛来量は季節的な増減はあるものの、ほぼ一年を通じて日本列島に運ばれている。

二〇〇六年の黄砂

二〇〇六年の冬は中国内陸部では雨が少なかった。このために中国気象局は、黄砂が多く発生する恐れあり、という警告を発している。

この年は日本でも例年になく寒い冬であった。アジア大陸北方でシベリア高気圧が発達したために大陸内陸部が乾燥し、シベリア高気圧から吹き出す北西季節風がさかんに日本に吹きこんだ。この強い寒気をともなった季節風が日本海をわたるときに、日本海を流れる対馬暖流からの湿気が供給されたために、日本海側の各地は記録的な大雪となった。新潟県や長野県では積雪量が四メートルを超え

図4　姫路市の黄砂（成瀬撮影）
2006年4月8日午後1時　視界2.5km以下

たのである。

一方、大陸内部は降水量が減少して乾燥したために、三月ごろから乾いた地表から舞い上がった黄砂が風によって東方に大量に運ばれるようになった。韓国や日本では三月から黄砂日が多くなり、とくに四月の下旬になると連日のように黄砂が飛来した。

図4は、二〇〇六年四月八日、中国北部の内モンゴルから韓国を経て運ばれてきた黄砂で霞む姫路市の風景である。この日姫路では、黄砂のために視界が二・五キロメートル以下であった。

前日、雨を降らせた低気圧が東に去ったあと、四月八日は移動性高気圧におおわれ、気温が急上昇したために姫路城の桜はほぼ満開になった。快晴に恵まれた姫路城三の丸広場では観桜会が催され、土曜日ということもあって、広場は多くの花見客でにぎわった。しかし、昼ごろから西風が強くなり、上空は黄砂のために霞みはじめた。午後三時ごろには黄砂のピークを迎え、遠くの山々はもちろんのこと、市街地もうすぼんやりと見えるようになった。

「高砂の尾上のさくら咲きにけり　外山のかすみ立たずもあらなむ」（前権中納言匡房《まさふさ》）。（せっかく美しく咲きそろった桜が霞みのために楽しめなくなるのは残念なことだ。どうか霞がたたないでほしい）。この日の姫路は、匡房の歌にある霞を黄砂に置き換えるとぴったりではないかと思うほどの一日であった。この歌の舞台となった兵庫県高砂市の尾上は、姫路城からわずか一六キロメートルしか離れていない。

この日ほどではなかったが、四月二一日も黄砂日であり、四月二八日から再び始まった黄砂現象はゴールデンウィークの期間中、続いた。

赤い雨・赤雪

山陰で育った私は、冬の山陰に特有の強い西風が吹く道を二キロメートルほど歩いて小学校に通った。雪が降る日に途中で新雪をほおばったことがある。降ったばかりの新雪にもかかわらず、わずかに泥の味がした記憶が今でも鮮明に残っている。

新雪なのになぜ泥の味がするのか不思議でならなかったが、今にして思えば、このときの雪は黄砂が氷晶核になっていたのであろう。実際に、雪の結晶や雨滴が形成される場合には風成塵が核になることが多いようである。

ヨーロッパアルプスなどでは、ときどき報道されるように、赤い色をした雪が降ることがある。日本でも一九六三年一月一五日と三〇日に、白山の西麓にある石川県白峰村に降った赤雪は、遠くからは雪面が夕焼けに映えたように赤く見えたという（小学館、一九九八）。二〇〇七年四月上旬にも、新潟県にある守門岳《すもんだけ》（一五三七メートル）山頂付近の雪が桜色に染まったという記事が新聞で報じられている。江戸時代の記録に残されている紅雪もその一種と思われる。

こうした赤雪や紅雪は必ずしも赤い色をしているわけではなく、色づいた雪の総称である。岩手県八幡平では春先になると積雪が黄色に染まることが多いと、岩手大学の井上克弘氏から聞いたことがある。

一九七七年二月二三日に、大規模な黄砂が沖縄から西日本一帯に飛来した。そして翌二四日には東日本や北海道にも黄砂が運ばれ、函館、盛岡、山形に褐色の雪が降ったのである。二月二四日の天候は、盛岡市で氷点下一一℃に下がり、朝から牡丹雪が降っていたという。その後、やや気温が高くなったために午後一時ごろから雨に変わったが、その直前に褐色の雪が降ったことが記録されている。

厚さ四センチメートルの根雪の上に、新たに降ってきた褐色の雪が積もり、雪の表面は褐色に染まり、その厚さは約二センチメートルほどであったという。岩手大学構内に降ったこの褐色の新雪を分析してみると、雪に含まれる微細鉱物は、石英、カオリナイト、白雲母・イライト、長石などからなり、その組成は黄砂や中国黄土の成分とそっくりであった（井上・吉田、一九七八）。

なお、岩坂泰信（二〇〇六）によると、赤雪は雪面に雪虫が繁殖して赤みを帯びる場合も多いようである。雪虫の小さな幼虫の体が透きとおって体内の赤い臓器が見えるからだという。白峰村や守門岳の赤雪の場合も、あるいは雪虫が原因かもしれない。

ラップとニーレン（一九八六）は、サハラから運ばれる風成塵の研究者として有名である。彼らが、一九六九年の冬に南東スウェーデンに降った赤雪を分析したところ、南ウクライナから運ばれた風成塵が氷晶核になったものであり、その量は〇・五〜一グラム／平方メートルであった。

さらに、彼らは南ギリシャの高山に降った赤雪や、イギリス南西部の石灰岩の上に降った赤雪、それに一九八五年にギリシャのクレタ島山中に降った赤雪、同島の山地斜面に堆積する土壌の成分が、お互いに似ていることを明らかにしている。このときの赤雪は、サハラ沙漠からヨーロッパに運ばれた風成塵が原因になったと結論づけている。

赤雪の場合は、高い山の上で発見されることが多いので、一般の人びとの目にふれる機会は少ないが、赤い雨のほうはヨーロッパ各地、オーストラリア東岸やニュージーランドに、ときどき降ることが知られている。とくに地中海沿岸の地域では赤い雨の例が多く報告されている。

有名なのは、サハラ北部からイタリアに吹く南風シロッコが運ぶ風成塵が混じって赤く染まる雨である。この雨は赤い色をしているので、「血の雨」ともいわれている。一九世紀に発表された論文にも、赤い雨のことを扱ったものがいくつかある。それらの論文では、赤い色の成分は渡り鳥や蝶の血によるものとされている。

一八六〇年一二月二八日には、イタリア中部トスカーナ地方で、肉色あるいは赤い血のような色をした雨が朝七時に降りはじめ、場所によっては二時間近くも降り続いたという。同日の午前一一時には二回目の赤い雨が降り、午後二時に三度目の赤い雨が降っている。

一九〇一年にヨーロッパ各地で降った赤い雨はとくに有名である。

三月九日に、サハラ沙漠で発生した砂嵐によって上空高く舞い上げられた風成塵が、シロッコによって北に運ばれ、九日夜から一〇日にかけてチュニジアやリビアの西トリポリタニアに達した。このとき、赤みを帯びた風成塵が太陽をおおうという異常な光景に人びとはパニックを起こしたという。

シチリア島も一日中、赤色の風成塵におおわれ、夕方には赤い雨・血の雨が降ってきたので、信心深い人びとは恐れおののいたと伝えられている。

このサハラ風成塵は東アルプスにも運ばれ、アルプスに積もった雪や谷間の氷河を赤く染めている。

このときの風成塵は、一二五万平方キロメートルの地域に五五〇万トンが降ったと推定されている。

風成塵の粒径はイタリアで一一～一三ミクロン、北ドイツで四～九ミクロンであり、鉱物の表面は赤茶けた酸化鉄でおおわれていたという（阪口、一九七七）。

このシロッコが運ぶサハラ風成塵については、和辻哲郎が一九三五年に著した名著『風土』のなかでも紹介されている。

南半球でも、オーストラリア沙漠で舞い上がった風成塵が偏西風によって運ばれ、オーストラリア東海岸やニュージーランドの上空で雨の核となり、しばしば赤い雨や赤雪を降らせる。

日本の赤い雨

日本では赤い雨が降ったという記録が少ない。それは赤い土が広く分布するサハラ沙漠やオーストラリア大陸の沙漠と違って、黄砂の給源となる中国内陸部の沙漠に赤い色をした土の分布が限られているので、そこから運ばれる黄砂が赤色を呈することが少ないからである。

赤い色をした土壌は、主に長江流域よりも南に広く分布しているので、ここから運ばれる黄砂は赤みを帯びている。ほぼ同じ緯度にある南西諸島には赤みを帯びた黄砂が偏西風によって運ばれることがあるので、石垣島では黄砂のことを赤霧と呼ぶことがある。しかし、長江流域以南から西日本まで黄砂が運ばれることはめったにない。

ところが、これと似たコースを通って西日本に飛んでくる昆虫がいる。稲に被害を与える「浮塵子《うんか》」である。うんかは体長が四ミリメートルしかないにもかかわらず、初夏に長江流域の南にあたる北緯三〇度以南の四川《スーチョワン》省、湖南《フーナン》省、浙江《チョーチアン》省などの稲作地帯から、低層ジェット気流を利用して東シナ海を越え、およそ一日から一日半程度で南西諸島や西日本に飛んでくる。同じように、うんかの発生地帯である長江以南の赤色土分布地域から舞い上げられた赤色の黄砂も、低層ジェット気流によって、ごくまれにではあるが西日本に運ばれる。

百人一首の一七番には、在原業平朝臣の「ちはやふる神代もきかず龍田川からくれなゐに水くくるとは」という歌がある。この歌の意について、高橋睦郎（二〇〇三）は「血が天から降って来るなどというようなことがあるだろうか。神々の時代にもそんなことは聞いたことがない。龍田川を血の韓紅のくくり染めにして流れていこうとは」と解釈している。

この「ちはやふる」は「神代」にかかる枕詞であるが、なかなか難解な枕詞であって、これまでいろいろな解釈が試みられている。

たとえば、「ちはやぶる」の「ち」は一説には風を表わし、強い風が吹く意に解釈されている。この解釈によれば、『万葉集』に収められた作者不詳の「ちはやぶる　金の岬を　過ぎぬとも　我は忘れじ　志賀の皇神」の意は、「風が強く吹いている金の岬の難所を無事に通り過ぎることができた。志賀の皇神のご加護があったことを忘れまい」ということになる。さらに業平の歌は、「これまでなかったような非常に強い風が吹いて紅葉の葉が散り、龍田川の水を赤く染めて流れる」と解釈できよう。

しかし、高橋氏は「ちはやふる」を天から血が降る現象「血はや降る」として新解釈を試みており、その血とは、平城上皇の寵姫であった藤原薬子の流血ではないかと解釈した。この流血事件が起こったのは奈良朝から平安朝に移る激動の時代であった。

　この歌にある「ちはやふる（天から血が降る）」とは、乾熱風シロッコがシチリアに降らせた「血の雨」のイメージと重なり、赤い色をした黄砂現象のことを指している可能性がある。

　赤い土の分布が限られている中国南部から運ばれた黄砂が「赤い雨」「血の雨」を降らせることはめったにあることではない。しかし皆無というわけではない。石垣島の赤霧や、白峰村と守門岳の赤雪の例のように、ごくまれに降る赤い色をした黄砂・赤い雨・赤雪が前代未聞の出来事として「神代」にかかる枕詞に使われたとは考えられないだろうか。

第2章 砂嵐と黄砂・風成塵

ヘディンのタクラマカン沙漠「死の横断」

スウェーデンの著名な探検家であるスウェン・ヘディンは、彼の生涯において五回の中央アジア探検を行なっている。

第一回は一八九三〜一八九七年にパミールやチベットなどを探検し、とくにウイグル語で「砂の海」を意味するタクラマカン沙漠を苦難の末に横断した「死の横断」が有名である。二回目は一八九九〜一九〇二年にロプノールやローラン遺跡を発見している。三回目は一九〇五〜一九〇八年にチベットやインダス河の水源の調査を行ない、トランスヒマラヤを発見したことで知られる。四回目は一九二七〜一九三三年に西北部の科学調査とゴビ沙漠の横断を行ない、五回目は一九三三〜一九三五年に自動車で中央アジアを横断している。

彼は一八六五年にスウェーデンの首都ストックホルムで生まれている。長じてストックホルム大学

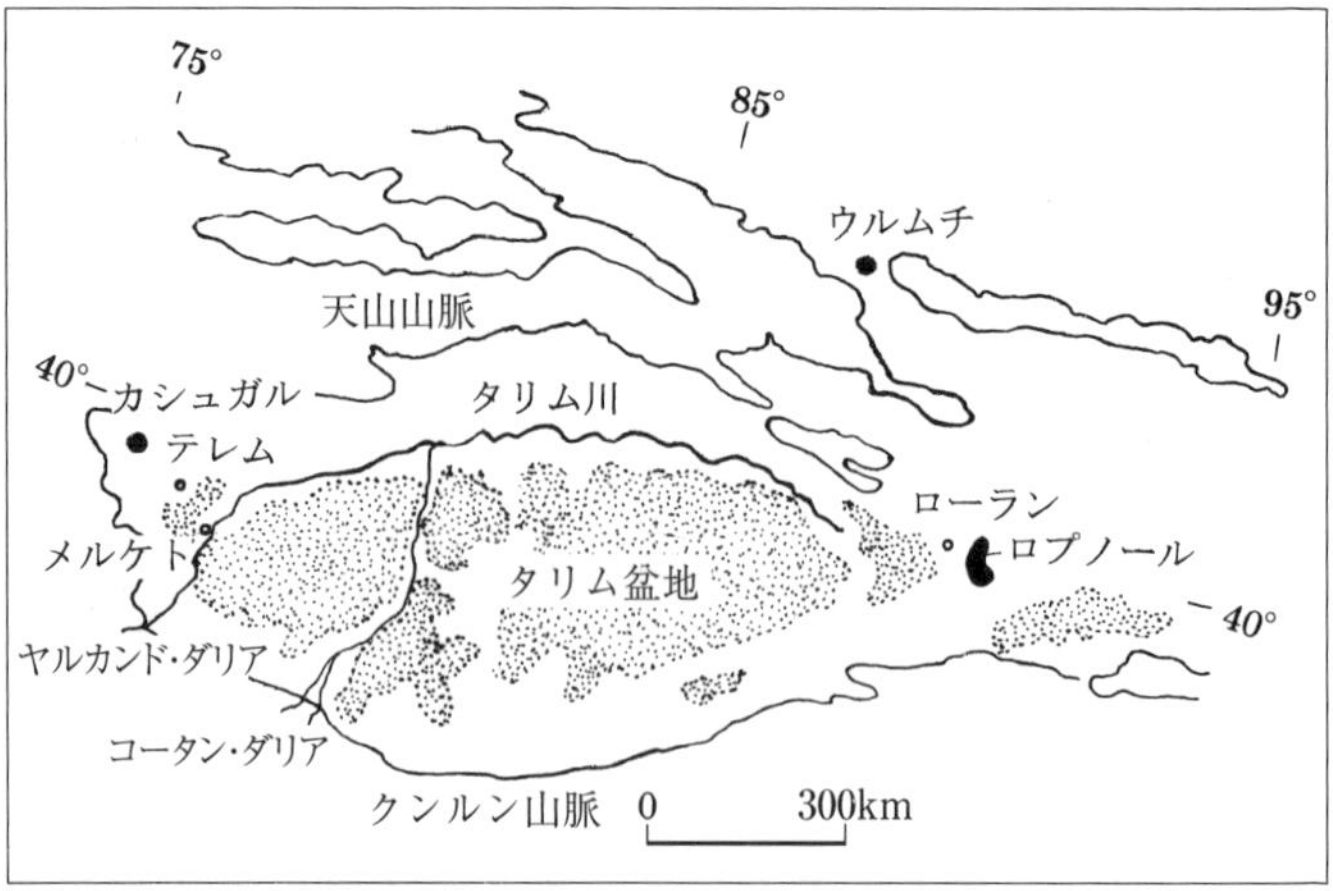

図5　ヘディンの探検地域

に進んだのち、名門ウプサラ大学に転校して地理学を専攻した。さらに二四歳のときにドイツのベルリン大学に留学して、中国研究の泰斗であるリヒトホーフェン教授に師事している。

第一回の探検では、タクラマカン沙漠の横断を行なっている。

一八九五年二月、ヘディンはカシュガルを出発し、東に向かった（**図5**）。カシュガルの東にはヤルカンド・ダリア（川）の支流が流れる沼沢地が広がっている。ここを吹く風は昼間を夜に変えてしまうカラブラン（黒い砂嵐）とサリクブラン（黄色い砂嵐）を発生させるという。

「三月一二日早朝、われわれは馬を飛ばすと、強い北西の烈風をついてテレムへと戻った。この土地の特徴は、沼沢地帯の多い荒野だった。地面には細かいぱさぱさした埃で、これを風がまるで煙のように吹き飛ばすのである。（略）太陽は少しも顔を出さない。空は赤黄色い色調を帯びていたが、この色がときどき濃い灰色に変わった。やっとテレムに着いたときは、人馬もろとも埃にまみれて灰色になっていた。三月一三日にもなお嵐は続いていたが、風は北に、また北東に変わった。つまり三日間、嵐が続いたわけで、土地の人はこの嵐をサリクブラン（黄色い砂嵐）と呼んでいる。大空が黄色くなってしまうからである。」（『アジアの沙漠を越えて』横川文雄訳）。

ヘディンは、さらに三月一九日にヤルカンド・ダリアが流れるメルケトに着いた。ここから沙漠を歩いて、コータン・ダリアに向かった。「死の横断」である。この間、直線距離にして約二八七キロメートル、途中、何度か砂嵐に遭遇している。

「四月二八日早朝、かつて経験したこともないような砂嵐がキャンプを吹きまくった。（略）夜明け、この恐るべき日を迎えて起きあがったとき、私たちはまるで砂にうまっていた。何もかもが砂だらけだった。」（略）「だいたい、夜の明けたのさえわからなかった。正午になっても闇が支配し、深い薄暮よりなお暗かった。まるで夜の行進だった。砂塵の雲があたりにこめ、何も見えない。その厚いヴェールをとおして、すぐそばを行くらくだだけが、わずかにぼうっと影のように見えるだけだ。らくだの鈴の音さえ、すぐそばを行くのに聞こえない。どなっても声はとどかなかった。ただ耳を聾する疾風の咆哮ばかりが耳にうずまいた。」（『探検家としてのわが生涯』山口四郎訳）。

春になって乾燥した砂沙漠に強風が吹いたために黒い砂嵐「カラブラン」が発生し、疾風と闇があたりを支配するようになった。カラブランに遭遇したヘディンは九死に一生を得てコータン・ダリアに到着したのである。

ロプノールの砂嵐

二回目は、ロプノール周辺を探検している。彼の有名な著書『さまよえる湖』（鈴木啓造訳）には、以下のように書かれている。

「一一、一二、一三日は嵐のために無駄になった。一四日は一面見通しのきかない霧で包まれた。それは巨大な蒲団かクッションのように南から暗く曇ってこちらへ渦巻いてきた。二時間後、風が急に南西に変った。しかしそれでも霧は吹き払われることはなかった。すべてが本物のロンドンの霧に包まれたようだ。湖では自分の近くの数百メートルしか見えなかった。まわりはすごく幻想的な絵であった。湖はにぶい灰色をして、ほこりの霧がその上にたなびき、もやの中から葦の茂みがほのかに見えていた。」

「雨が二・三滴落ちてきたが、一時半にあらためて降りはじめ、一時間続いた。（略）夜のあいだに一時また強く降った。けれども澄んだ青空に太陽が昇り、われわれはロプノールへの曲りくねった水路を踏査するため、再び岸を離れた。」

数日間にわたって砂嵐がひどく、小さな湖一帯は砂塵が立ちこめ、まるでロンドンの霧のようだと書いている。しかしこの砂塵も夜に雨が降ったおかげで地表に落下し、翌日は久しぶりに青空が戻ったという。ロプノール湖一帯は砂嵐がしばしば発生し、砂塵が立ちこめることが日常的であった。

晩年のヘディン

一九三三〜三五年に行なわれた五回目の中央アジア探検は、北西自動車道路探検隊によるものである。彼がこの探検を終えたとき、すでに七〇歳に達していた。この探検にかけた情熱は著書『シルクロード』の文章の端々からうかがうことができるが、自動車隊が出発するまでは、すべてが順調に進まなかった。

彼は、自動車でシルクロードを縦断するためにウルムチで待機していた。しかし、車の燃料がなかなか届かなかったのに加えて、探検隊専用の家の借り上げについても音沙汰がなく、空しい日々を過ごしていた。

「来る日も来る日も終日ヴェランダに座ったまま、庭の向日葵やトマトの花や夾竹桃をじっと眺めて暮らした。時は遅々として進まない。（略）天山《ティエンシャン》山脈の上を雲が休みなく「神の山」の方へ流れて行くのを、いつも妬ましげな眼差しで追った。（略）。暗くなる。一陣のつむじ風がウルムチの上に吹き荒れる。見通しもきかぬ濛々たる砂塵が、庭で魔女の舞踏を見せている。向日葵の茎は鬼人の凧に無惨に狩り立てられて、うやうやしく身をかがめている。はげしい豪雨が沛然として降ってくる。」

（『シルクロード』福田宏年訳）。

大空を自由に流れる雲、なかなか探検に出発できない苛立ち、荒れ狂う風と濛々たる砂嵐、翻弄される向日葵――なすすべのない彼は、まるで砂塵に翻弄される向日葵のようであった。

この探検は、車を奪われ監禁されるなど、苦難に満ちたものであったが、全員が無事に西安《シーアン》に到着した。漢と唐の両王朝の都で、「西の平安」を意味する西安は、故郷を離れて以来、半世紀の間、アジアの探検踏査に自らを捧げたヘディンにとっての旅の終着点であり、平安な日々を取り戻すことができた記念すべき都市であった。

北風ボレアスとオレイテュイア

図6は、イタリアで発見された古代ギリシャの赤像式陶器クラテールに描かれた絵である。当時はワインを水で割って飲む習慣があり、クラテールはそのための容器であった。製作年代は二三六〇〜二三五〇年前であるから、日本では縄文時代と弥生時代の過渡期にあたる。

「リュクルゴスの画家」と呼ばれるアプリアの画家によって描かれたこの絵には、背に羽をつけた北風ボレアスが夏の女神オレイテュイアを連れ去ろうとする情景が描かれている。この絵の左側には美の女神アフロディーテと思われる女神も描かれ、この誘拐劇を平然と見ている（NHKほか、二〇〇三）。

この絵は何を語っているのであろうか。たぶん地中海の冬が突然やってきた情景を描いているのだと思う。

地中海の冬はある日突然にやってくるというのが私の印象である。

一九九一年の九月末から一〇月にかけて、エーゲ海沿岸の保養地に滞在したことがある。エーゲ海に面したペンションに逗留し、メンデレス平野の地形調査を行なっていた。一〇月初旬のある日、いつものように野外調査から帰って、食事をしに外出したところ、突然、冷たい北風が吹いてきた。連日、三〇度を超す暑さが続いていたので、急な寒さがこたえた。

図6　北風ボレアスとオレイテュイア

もっと驚いたことには、翌朝、いつものように朝六時に起きて窓を開けると、目の前に広がっていたのは、厚い雲におおわれた空と鉛色のエーゲ海であった。地中海に冬がやってきたのである。

ペンションに長期滞在していた人びとは、引き上げの仕度で急にあわただしくなった。安くて快適なトルコ側のエーゲ海沿岸も、寒くなれば用がなくなる。昨夜までにぎわった海岸通りのレストランは店先に並べて置かれたテーブルをいっせいに片づけはじめたし、夜遅くまで営業していた店の多くも閉店するようになった。急に長い冬がスタートしたのである。このときはじめて、クラテールに描かれた絵の意味を理解することができた。

しかし、この北風は、じつは南から栄養塩類に富んだサハラ風成塵を運ぶ南風をさそい、地中海に恵みをもたらす風でもある。このため、厳しい寒さをもたらす北風ボレアスは、地中海に豊かさを運ぶ風としても位置づけられているのである。

九月末になると北の寒気団が南下を始め、地中海あたりで南の暖気団と接するようになる。気温の異なる両気団が接するところを前線と呼んでいる。やがて、両気団の温度差を解消するために、前線付近で大気のかき混ぜが始まる。地中海低気圧の発生である。その結果、**図7**のように南の暖気が左まわりに北側に入りこみ、逆に北の寒気が左まわりに南側に入りこむようになる。

前線の上空には西から東に吹くジェット気流が流れているので、低気圧は一カ所にとどまることができず、かなり早い速度で東に移動していく。

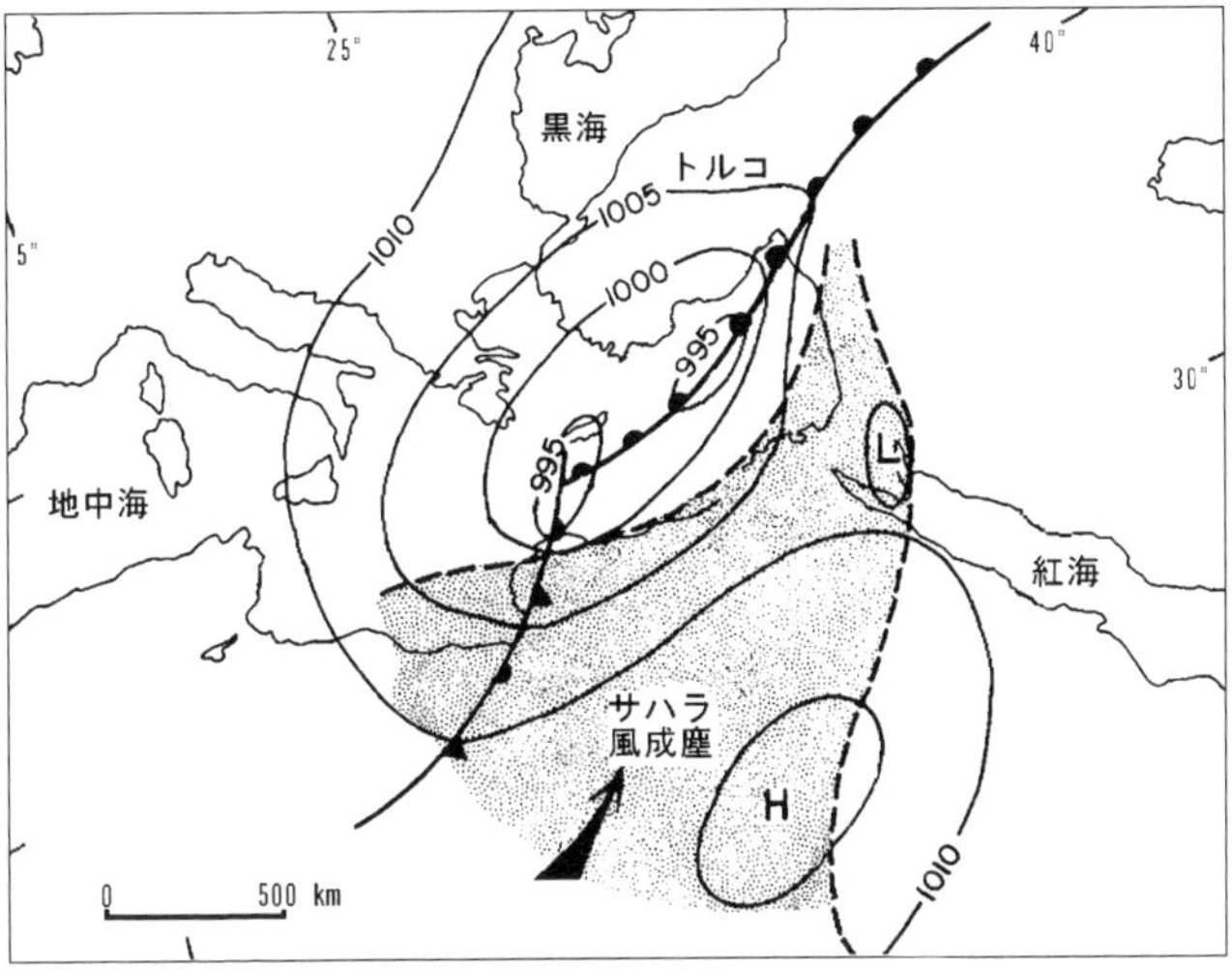

図7　地中海の低気圧とサハラ風成塵

低気圧が通過する直前は南から暖かい風が吹きこみ、サハラ沙漠で発生した砂嵐によって舞い上げられた風成塵もついでに運ばれてくる。低気圧が上空にさしかかると、サハラからの風成塵が凝結核となって雨滴を作り、雨が降ってくる。雨が降りはじめると、あたり一面に泥の匂いが充満するようになる。このとき栄養塩類に富むサハラ風成塵が地表に降り、地中海沿岸各地の土壌に栄養塩類が添加される。そして低気圧が東に通り過ぎると、北からの冷たい風が吹きこんで、気温が一気に低下する。

このような現象が毎年のように繰り返され、サハラ風成塵が地表に降り注ぐおかげで、地中海沿岸各地の肥沃な土壌が維持されてきたのである。

風神ヴァーユ

「リグヴェーダ」は、三二〇〇〜二五〇〇年前ごろに主な部分が成立したとされるアーリアンの聖典である。「リグヴェーダ」には天と地と、その中間にある空を舞台とした多くの讃歌があって、幾多の英雄神が登場する。その多くが、のちに仏教のなかに取り入れられており、帝釈天、弁財天、梵天などは、私たちにもなじみ深い神々である。

「リグヴェーダ」に登場する自然神のひとりにヴァーユがいる。ヴァーユは京都にある教王護国寺では十二天のなかの風天として位置づけられている。また、蓮華王院三十三間堂の「風神像」は、みなぎった風袋をわしづかみにする力強い腕と強靭な足をもち、厳しい顔をした像は鎌倉彫刻を代表する国宝である。

この風神は、雷神とともに五穀豊穣をもたらす神とされる。本来は夏の暑い南風や冬の寒い北風を吹かせる神の性格をもっているのであるが、日本では夏の台風などの南風を吹かせる風の神としてのイメージが強いように思われる。

風神ヴァーユまたはヴァータをたたえる歌には、「今ヴァータの車の力を。その音は、破摧《はさい》しつつ、雷鳴をとどろかせて進む。天に達しては空を赤らめ、地を行きては砂塵を捲く。ヴァータの扈従（突風・雨水）は彼に随いて起こり、彼にきたる（以下略）」（辻、一九七四）というものがある。

この歌は、風神ヴァータが風を起こし、地上に砂嵐をもたらし、大地から舞い上がった砂塵が太陽の日射しを赤く染め、時には雨をもたらす様子を詠っている。

インドでは夏のモンスーンが始まると、雷鳴とともに突風が吹き、砂塵を巻き上げて吹く。この夏のモンスーンの状況を「リグヴェーダ」はみごとに表現している。

このとき吹く南西風は、インダス河下流域に広がるタール沙漠の砂を動かす。そのため、タール沙漠の砂丘はこの風向にしたがって南西—北東方向に長くのびているのである（図8）。

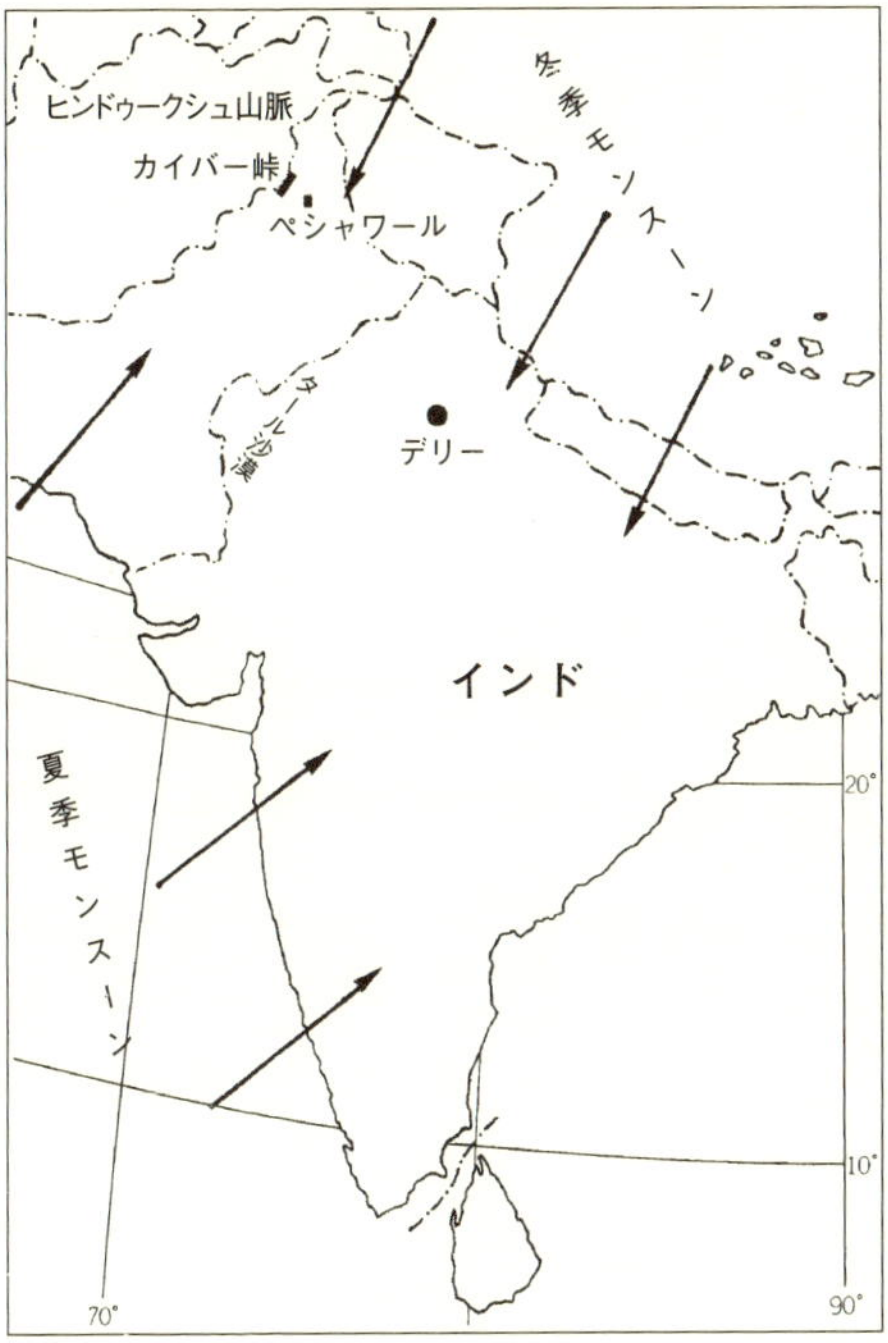

図8　インダス流域における夏と冬のモンスーン風向

しかも、この風は沙漠やインダス河の氾濫原から砂塵を巻き上げてこれを風下に運び、沙漠の周辺に肥沃な沙漠レスを堆積する。これがインダス文明を支えた農業の基盤となったのである。

この夏の南西モンスーンは、同時にアラビア海から湿った空気をインドに運びこみ、夏雨をもたらす。インドの人たちが待ちに待った夏のモンスーンの到来である。二月から五月中旬まで続く乾熱風の吹く季節が終わり、五月中旬から夏のモンスーンが始まる。雷鳴や突風とともに恵みの雨が降り、乾ききった大地は潤い、厳しい暑さもこの雨のおかげで気温が下がり、河には水量が増え、潤った畑では農作業が始まる。農民も農村も活気に満ちてくるのである。

このヴェーダ讃歌に詠われた情景は、冬にもときどき起こることがある。冬に大西洋で発生した温帯低気圧がジェット気流に流されて地中海を通過し、インダス河下流域にまでやってくることがある。このとき、乾季のインダス河下流域には、わずかではあるが雨が降る。この低気圧は地中海沿岸の冬作農業に恵みの雨をもたらすだけでなく、インダス下流域にも慈雨を降らせる。したがってヴァーユは、夏と冬の両季節にインドに豊かさをもたらす神として位置づけられている。

のちのクシャーナ朝（一～三世紀）になると、ヴァーユは中央アジアに厳しい冬の風をもたらす死の神として位置づけられる。

クシャーナ朝の領域は、現在のインド北西部から中央アジアのウズベキスタンのサマルカンドまでであった。クシャーナ朝の首都ペシャワールは、北にそびえるヒンドゥークシュ山脈の険しい山並みを抜け、カイバー峠を越えてインダス河の平原に下る主要街道沿いに発展した町である。

クシャーナ朝の領域は、険しい山岳地方が中心であったので、夏のモンスーンが入りこむことは少なく、むしろ冬の厳しい北風、冬季モンスーンが支配的であった。そのためヴァーユは草本類を枯らす冬に吹く北風、すなわち死の神として位置づけられるようになったのである。しかし、死を意味する北からの冷たい風は、やがて訪れる春の暖かい風の恵みを約束してくれる予兆としての風でもあった。

第3章 黄砂・風成塵の性質

黄砂・風成塵の種類

中国のタクラマカン沙漠、ゴビ沙漠、内モンゴルの沙漠、黄土《ホワントウ》高原などから舞い上げられた微細な粒子が風下に運ばれたものを黄砂・風成塵と呼んでいる。このうち日本に飛来するものは春先に乾燥した地表から擾乱によって舞い上げられた後、偏西風ジェット気流で運ばれる場合が多い。

中国では、砂嵐によって舞い上げられたものを、視界一〇キロメートル以下を浮塵《フーチェン》、一〜一〇キロメートルを揚砂《イアンチェン》、一キロメートル以下を砂塵暴《サーチェンボー》にわけている。砂塵暴はさらに視程が一キロメートル以下を砂塵暴、五〇〇メートル以下を強砂塵暴、五〇メートル以下を極強砂塵暴という。中国では風の強さと視界による濃度が黄砂規模の基準になっている。

韓国では大気中に浮遊する物質の濃度が基準になっており、かつては目視観測による〇〜二の三段階があったが、二〇〇四年からは黄砂（ＰＭ10）濃度が二時間にわたって時間平均五〇〇マイクログラム／立方メートルを超えると予想される場合は黄砂注意報を、平均一〇〇〇マイクログラム／立方メートルの場合は黄砂警報を出している（環境省、二〇〇五）。

日本では黄砂として統一表現されているが、じつは目測による黄砂観測には「現在天気番号」が設けられている。現在天気番号には通報番号ww＝06〜09と30〜35があり、それぞれ細かな基準が設けられている。しかし、日本では黄砂がやってくると空が霞むか、あるいはめったにないことではあるが、赤い雨や赤雪が降る程度であるので、黄砂という表現だけですんでいる。将来、黄砂状況をレベル化しなければならない日がやってこないことを切に願うものである。

黄砂は、ときどきyellow sandと訳されることがある。文字どおり黄砂の直訳である。しかし、砂は国際法で二ミリメートルから〇・〇二ミリメートル（二〇ミクロン）までの大きさのものをいうのであって、日本に飛んでくるものは、これよりもはるかに細粒である。したがって、黄砂は、*Kosa*、eolian dust、Asian dustあるいは、どうしてもyellowを使うのであればyellow siltとかyellow dustと呼ぶほうがふさわしいのではなかろうか。

風成塵は、風が強く吹くことと、地表が乾燥した状態がそろってはじめて上空に舞い上げられる。風成塵が舞い上げられるのは風速が六・五〜一〇メートル／秒で、摩擦速度が〇・三メートル／秒であるという（甲斐、二〇〇二）。この条件が整うのは春から初夏にかけてである。とくに地表が乾燥しはじめる春、北から寒気が入りこむ場合に風成塵が舞い上げられる量が多くなるようである（吉野ほか、二〇〇二)。

このように、中国内陸部の冬季の降水量によって地表面の乾燥状態が左右され、それが黄砂の発生を左右している。そのほかの季節にも強い風が吹くと砂嵐が発生するが、地表があまり乾燥していないために、日本や韓国まで運ばれる黄砂量はそう多くはない。

こうした条件に加えて、黄土高原は標高が一〇〇〇メートル以上もあるので、冬の間は地表が凍結することが多い。春になると凍結した表層部分が解けて地表面の土壌構造が破壊され、動きやすくなる。このため、春に地表が乾燥すると風食を非常に受けやすくなる。

タクラマカン沙漠に吹く風は、シベリア高気圧から吹き出し、敦煌《トゥンホワン》—玉門関《ユーメングァン》を通ってタリム盆地に吹きこむ北東風が支配的である。この風によって沙漠表面から舞い上げられた黄砂は、南の崑崙《クンルン》山脈の北斜面にぶつかって、標高二五〇〇～五三〇〇メートルの斜面上に堆積する。さらに細かい粒子は崑崙山脈よりも高く舞い上がり、やがて偏西風ジェット気流によって、ほぼ年間を通じて北緯三五～四〇度の範囲を東へ運ばれる。

黄砂はチベット高原の北端にある青海湖《チンハイ》上空を通り、ついで黄土高原を通過して、やがて韓国や日本列島に運ばれてくる。黄砂の通り道になっている標高三一九五メートルの青海湖上空は、ひっきりなしに黄砂が通過する。このために青海湖一帯では、わずかな間に、南に遠望できるバインハル山脈が黄砂のために見えなくなってしまうことがしばしばある。

このほか、ゴビ沙漠や内モンゴルの沙漠、黄土高原で舞い上がった黄砂は、タクラマカン沙漠の黄砂よりもやや北に偏して北緯三五〜四三度の範囲に運ばれ、北京、韓国、日本に運ばれる。

岩坂ほか（一九八二）による一九七九年のライダー観測によると、六キロメートル上空と二キロメートル上空に二層の濃度のピークがあるという。上空二キロメートルの黄砂は黄土高原から運ばれたもので、六キロメートル上空のものはタクラマカン沙漠から運ばれたものである。この六キロメートル上空は自由大気圏と呼ばれ、地表の影響を受けることが少ないので黄砂が遠くまで運ばれることが多い。それより下は接地混合層と呼ばれ、地表の影響を受けやすい。

黄砂は上空を運ばれる途中で大気汚染物質を吸着するほか、なかに含まれている一〇％程度のカルシウムが酸性物質を中和することが知られている。このほか、黄砂は地表に落下して土壌中に添加され、海面に落下すると黄砂が含む栄養塩類が海洋プランクトンの栄養源となるといわれる。

黄砂・風成塵の大きさ

タクラマカン沙漠では、地表に堆積する二〇〜七〇ミクロンの粒子が地表付近を吹く六〜一〇メートル／秒の風によって舞い上げられ、やや遠くまで運ばれる。さらに二〇ミクロン以下の細粒な粒子は数千メートルの上空に舞い上げられ、高層を流れるジェット気流によって遠くまで運ばれる。

風下に運ばれる途中で、大きいものは速く落下するので、黄砂は東に向かうほど細粒化する。沙漠

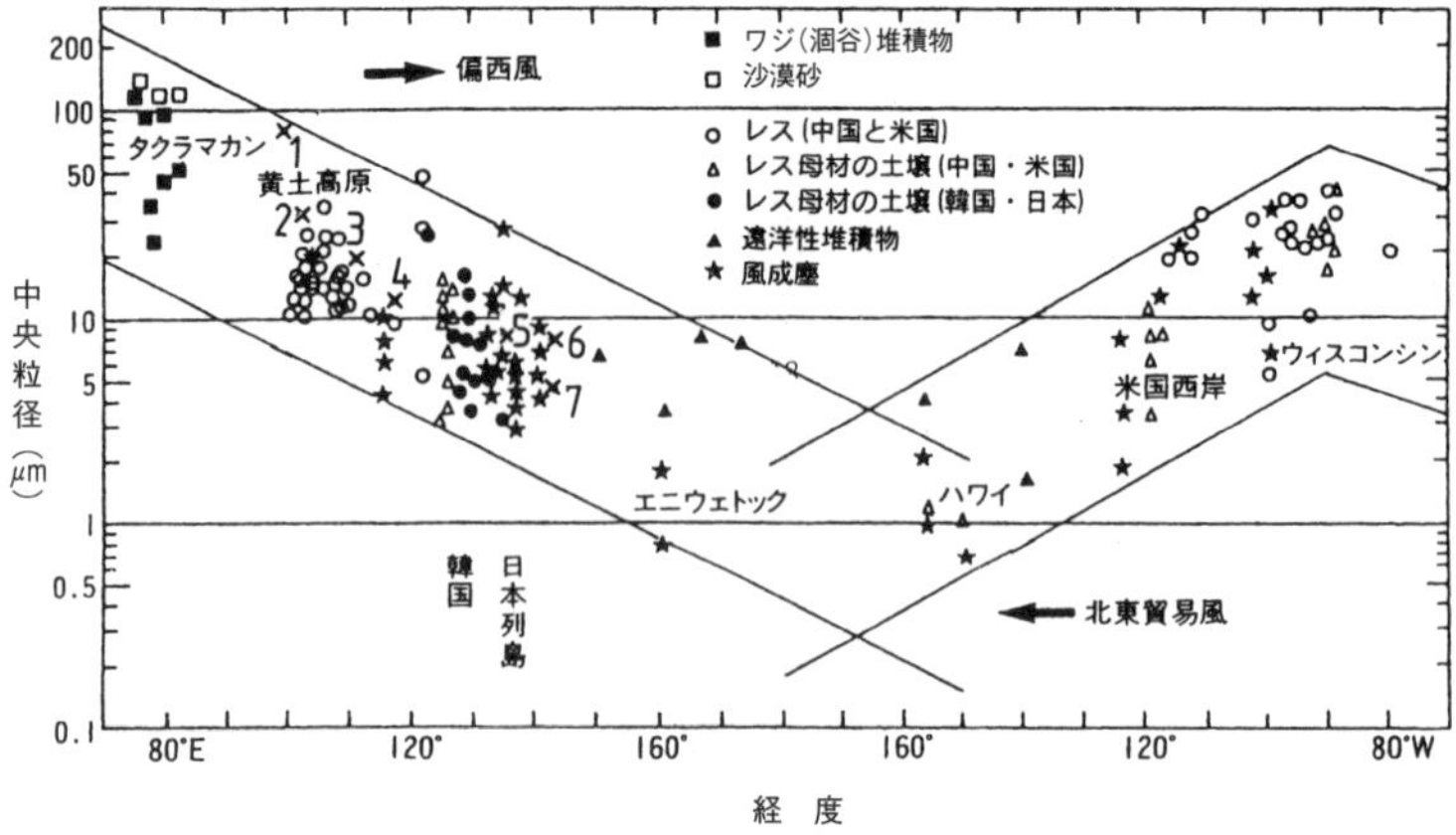

図9　太平洋をめぐるレス、遠洋性堆積物、風成塵などの中央粒径（井上・成瀬、1990、成瀬、2006に加筆）
1、2：エジン　3：西安　4：武漢　5：加東市　6：八幡平　7：盛岡市

に近い場所では七〇ミクロン、黄土高原では一〇〜四〇ミクロン、日本列島では三〜一五ミクロンである。図9は、太平洋を挟む中国大陸—北米大陸のレス・風成塵、遠洋性堆積物などの中央粒径（五〇％重量値）を示したものである。

黄砂の発生源のひとつであるバダインジャラン沙漠のエジン（東経一〇二度）の砂は一五〇〜二八〇ミクロンである。これに対して、この沙漠に発達する砂丘から舞い上げられた黄砂は三〇〜八〇ミクロンである。

エジンから東に一一〇〇キロメートルほど離れた西安《シーアン》市の黄土は一三ミクロンで、沙漠の黄砂よりも三分の一程度に細粒化する。この黄土は、粘土（二ミクロン以下）がやや多く含まれているので、粘黄土と呼ばれている。西安よりもさらに六〇〇キロメートルほど風下にあたる武漢《ウーハン》市では黄土の大きさは一〇ミクロンであり、いっそう細粒化する。

エジンから東に三〇〇〇キロメートルほど離れた、兵庫県中央部にある兵庫教育大学屋上に降った黄砂の大きさは、武漢レスとほぼ同じ大きさである。しかし、七階建ビルの屋上で採取した試料のなかには、大学周辺で舞い上がった風成塵が混入している可能性があるので、この大きさは参考程度にしたい。ただし武漢レスに比べて大きさがそろっているのは、遠距離を運ばれていく過程で細粒画分と粗粒画分がともに減ったからであろう。さらに東方の岩手県八幡平では八ミクロン、盛岡市では四ミクロンに減少する。

環境省（二〇〇六）によれば、日本に運ばれてくる黄砂の大きさは九州から北海道まで大きな差がなく、四ミクロンほどであるという。そして黄砂の密度は黄土高原では八〇〇〇μg／立方メートルであるが、黄土高原の東六〇〇キロメートルにある北京では一七・五％に減少して一四〇〇μg／立方メートルになる。黄砂の八二・五％が途中で落下している計算になる。北京よりもさらに一五〇〇キロメートル離れた日本海域になるとさらに減少して、わずか一・五％の一二〇μg／立方メートルになる。

風成塵は重力によって落下するほかに雨滴の核となって落下するので、風下になるほど風成塵の大きさが減じるとともに、密度も減ずる。とくに湿度の高い沿岸部や海洋域では雨滴に混じって風成塵が地表に落下する機会が多いので、急に密度が低くなる。

こうした黄砂は、前述のように日本などの上空に、ほぼ一年中、運ばれてくるが、**図3**に示すように目視観察による黄砂日数には季節変化があり、とくに春に多い。夏には南から吹きこむ夏季モンスーンの影響で、西から運ばれてくる黄砂は減少し、黄砂日数もゼロに近くなる。そして秋から冬にかけて黄砂日はやや多くなる。

こうした黄砂の発生頻度の歴史について、ザン（一九八五）は古文書に記録された西暦三〇〇年から現在までの中国における雨土《ユートゥー》の頻度を記載している。

それによれば、雨土は古文書に五〇八例記録されており、その多くが二～五月に発生している。なかでも四月に多く、全体の二六％を占めるという。そして雨土の発生回数は、一〇六〇～一〇九〇年、一一六〇～一二七〇年、一四七〇～一五六〇年、一六一〇～一七〇〇年、一八二〇～一八九〇年に増加している。

これに一四七〇～一九六九年における冬季の平均気温を重ねてみると、一六二一～一七〇〇年と一八一一～一九〇〇年の雨土の多い時期は寒冷期にあたっており、雨土の少ない時期は一五一一～一六二〇年と一七二〇～一七八〇年の温暖期にあたるという。

おそらく気候が冷涼化することによって夏のモンスーンが弱くなり、太平洋から内陸部に運ばれる湿気が減少して降水量が減ったのであろう。しかも北から吹きこむ冷たい風による擾乱作用が活発になり、黄砂が頻繁に舞い上げられたのであろう。

こうした黄砂のくわしい実態については、多くの気象学専門家などによって研究が進められているので、近い将来、さらに詳細なことが明らかにされるであろう。

日本の風成塵研究

本書で使用している風成塵という用語を最初に使ったのは、海洋学者の佐藤任弘氏ではないかと思う。佐藤（一九六九）が出版した『海底地形学』のなかに風成塵という用語が出てくる。佐藤氏によると、太平洋海底に堆積する物質のなかには、粒のそろった一～二〇ミクロンの大きさの石英が含まれているという。この石英は海底で結晶した鉱物ではなく、大陸から風で運ばれた風成塵の可能性が高く、石英量が多いのは北緯二〇度から四〇度の間であって、その分布域は偏西風帯に一致している。

私は、一九七〇年代に日本海沿岸に発達する古砂丘の形成期について研究を進めていた。当時の日本は高度経済成長期であり、各地で建設工事がさかんに行なわれていた。そのため建築材として砂の需要が多く、各地の海岸砂丘が主な採砂場になっていた。各採砂場にはみごとな砂丘断面が露出しており、砂丘の形成史を調べるうえで絶好のフィールドであった。

それらの露頭には、必ずといっていいほどシルト（二～二〇ミクロン）の大きさで、厚さ一メートルほどの褐色土が何層も埋没していることに気がついた。最初のうちは、この褐色土は火山灰の風化物、あるいは砂が風化してできたものと考えていたが、研究を進めるうちに、この褐色土が大陸から飛来したレスではないかと考えるようになった。

一九八一年からは、岩手大学で農芸化学を専門とする井上克弘氏と共同研究を進めることができるようになった。本格的な分析が可能になったおかげで、レスであるという確信がもてるようになり、一九八一年の秋に、それまでの成果を関西学院大学で開かれた日本地理学会秋季大会において「北九州、南西諸島のレスとその化学特性」と題して発表した。これが私にとって最初の風成塵・レスに関する研究発表の場となった。

当時の学会ではほとんど研究例がなかったレスについて発表することにためらいがあったが、発表内容に対する評価はまずまずであったと思う。このときの発表を論文にまとめ、井上氏は一九八一年一二月のペドロジスト誌に、成瀬・井上の共同論文は翌年一九八二年一月の地学雑誌に掲載された。これをきっかけに、井上氏と私は北九州を手はじめに、南西諸島、山陰、北陸、東北、そしてトルコ、中国、韓国などへ研究地域を広げていった。

その結果、最終氷期（七・一万～一・二万年前）に、中国内陸部の沙漠から日本列島に偏西風で風成塵が多く運ばれてきたことが判明した。さらに海水準が一〇〇メートル近くも低下したために大陸棚が陸化し、ここから供給された風成塵が多かったことなども明らかになったのである。それだけではなく、氷期に氷河と沙漠が拡大し、しかも風が強かったために、世界各地でレスが広域に堆積したことなども明らかになった。

こうした風成塵研究の大切さを、わが国で最初に指摘したのは阪口豊（一九七七）であった。阪口氏が世界の風成塵に関する研究を展望した当時は、風成塵に対する関心が薄く、論文もほとんどなかった。世界では一九七五年にスモーレイによってレスに関する書物が出版され、その一年後に風成塵に関する総論がガウディほか（一九九九）によって発表され、さらに風成塵研究の第一人者パイが“Aeolian dust and dust deposits”（風成塵とその堆積物）と題した本を出版するのが一〇年後の一九八七年であるので、阪口氏の論文が世界的に見ても早期のものであることがわかる。

第4章　海をわたる風成塵

ダーウィンが見たサハラ風成塵

一五世紀末に始まった大航海時代、ヨーロッパ各地の港を出航した大型帆船は、直接、アメリカ大陸に向かったのではない。いったんポルトガル沖合からヴェルデ岬諸島までカナリア海流に乗って南下し、カナリア諸島やヴェルデ岬諸島に達したあと、北緯二〇度付近を西にアメリカ大陸に向かって航行している。このほか、ヨーロッパからアジアに向かう帆船もサハラ沖を通過したのである。

それは、ほぼ一年中、この緯度を東から西に吹く北東貿易風が吹いており、しかも北赤道海流が同じく西に向かって流れているからである。うまく風と潮流を利用して大西洋をわたったのである。一方、アメリカ大陸からヨーロッパに帰る帆船は、メキシコ湾流に乗って北緯四〇度あたりまで北上し、そこから東に向かって吹く偏西風を利用してヨーロッパの港に向かっている。

このように大航海時代にはサハラ沖合を多くの帆船が行き交い、マデイラ諸島、カナリア諸島、ヴエルデ岬諸島は寄港地としてにぎわった。イギリスの探検船ビーグル号もヴェルデ岬諸島の中心地セントヤゴに寄港している。こうしたサハラ沖の北緯一〇〜三〇度の海域は、サハラ沙漠から舞い上げられた風成塵が北東貿易風ハルマッタンによって運ばれるルートにもあたっているので、大航海時代にはここを通る帆船がしばしばサハラダストに出会ったのである。

一八三三年一月、進化論で有名なダーウィンは、観測船ビーグル号で学術調査旅行の途上でサハラ風成塵に遭遇した。一六日にヴェルデ岬諸島の沖合一〇マイルの海域で船の甲板に風成塵が降ってきたので、さっそく分析してみると、なかに滴虫類や植物が含まれているので、ダーウィンはサハラ沙漠の湿原から飛来したものと考えた（Darwin, 1845）。

このほか、彼は「大西洋上で頻繁に船上に降った細粒塵」と題した論文のなかで、北緯一六度にあるヴェルデ岬諸島のセントヤゴに停泊したときに、三週間あまりも北東風が吹き、風成塵が立ちこめ、連日のように曇っていると報告している。ダーウィンは、運ばれてくる赤茶色の風成塵は一〜四月にかけてサハラ沙漠で多く発生する砂嵐が原因であり、北緯二八度あたりのサハラ沖の海水は茶色に汚濁していたとする。

この方面にサハラ風成塵を運ぶハルマッタンは年間を通じて吹いている。とくに一一月下旬から翌年三月中旬に頻繁に吹き、沿岸海域では三日に一度の頻度で風成塵が観測されている（**図2**）。マクタニッシュとウオーカー（一九八二）は、この海域の海底にはサハラ風成塵が厚く堆積しており、陸から離れるにつれてその厚さと観測日数が減ずると報告している。

ハルマッタンのコースは季節によって多少異なり、一月には北緯五度を、七月は北緯一八度付近の海上を吹いている。したがって、風成塵の運搬ルートも季節によって若干異なっている。ハルマッタンによって運ばれる風成塵は、チャド湖付近が発生源になることが多く、風成塵に含まれる珪藻は、乾季に干上がった湖底から舞い上がったものらしい。

サハラ風成塵は西インド諸島にまで達し、カリブ海に浮かぶ島々の貴重な土壌母材になっているほか、サハラ風成塵に含まれる栄養塩類が海底環境を活性化している。このため、サハラ沖の漁業資源は豊かであり、現在も多くの日本漁船が操業している。私たちが食べている魚のなかには、サハラから運ばれた栄養塩類を海水プランクトンが食べ、さらにそのプランクトンを餌にして育ったものもいるにちがいない。

このほか、サハラ風成塵は沙漠周辺の各地に運ばれている。その発生場所によって色や鉱物組成などが異なっており、ハルマッタンによって大西洋に運ばれる風成塵はミルク色をしており、シロッコによって地中海方面に運ばれる風成塵は赤い色をしているという。砂嵐発生地の土壌の色の違いが風成塵の色の違いになっているようである。

ハワイの赤色土に含まれる石英

北太平洋上空を流れる西から吹く偏西風と、逆に北東から南西に向かって吹く貿易風の両風によって運ばれた風成塵の粒径は、東、あるいは西に向かうほど細粒化する。その粒径の変化を示したものが五二ページの**図9**である。この図は、沙漠砂、ワジ（涸谷）堆積物、レス、レス質土壌、遠洋性堆積物、風成塵の各中央粒径を表わしている。

これによると、沙漠砂は五〇〜二〇〇ミクロン、ワジ堆積物は一〇〜二〇〇ミクロン、黄土高原《ホワントウ》の黄土は一〇〜三〇ミクロン、中国東部、韓国、日本のレスと黄砂・風成塵は三〜二〇ミクロンである。給源地から遠く離れた北太平洋上で採取された風成塵や、北太平洋の海底に堆積した風成塵の粒径はさらに細粒化し、〇・六〜一〇ミクロンになる。そして、ハワイ諸島では〇・五〜二ミクロンの大きさに減ずる。すなわち、東に向かうほど指数関数的に粒径が減少する。

一方、ハワイ諸島から北太平洋の東部にかけては、東に向かうほど風成塵やレスの粒径が増加する。このことは、北米大陸内陸部の乾燥地や中央平原から北東貿易風によって風成塵が西方のハワイ諸島に向かって運ばれたことを示している。

太平洋のほぼ中央にあるハワイ諸島は亜熱帯特有の気候であるが、島の位置によってかなり降水量が異なっている。たとえばオアフ島では、北東貿易風が吹きつける北東側斜面には年間五〇〇〇ミリメートルの雨が降る。そして北東側斜面に雨を降らせた乾いた風が南斜面を吹くので、オアフ海岸の年降水量は四二九ミリメートル程度しかない。

ハワイ諸島は、ホットスポットと呼ばれる地下深くから上昇したマグマが地表に噴出してできた島々からなる。ハワイ諸島のなかで、もっとも東に位置するハワイ島ではキラウエア火山がさかんに溶岩を噴出している。この溶岩は粘着性のある玄武岩からなっており、玄武岩のなかには石英が含まれていない。しかし、玄武岩の上に堆積する赤く風化した土壌中には微細石英が含まれていることが古くから知られている。石英の量は、多い場所では五〇%も含まれ、少ない場所では数%しかない。

石英を含まない玄武岩が風化してできたと考えられる赤色土に、どうして石英が含まれるのだろうか。そして、どうして場所によってその含有量が異なるのだろうか。この謎を一九七一年にウィスコンシン大学のジャクソンが解決するまでは、石英はハワイ特有の亜熱帯気候のもとで特殊な化学的作用によって生じたものと考えられていたのである。

ジャクソンは、オアフ島の北東海岸のオロクイから南海岸のパールハーバーまでの間の各地点で土壌を採取し、なかに含まれている微細石英率を調べた。それによると、北東海岸に面したオロカイでは年降水量が五〇〇〇ミリメートルで石英が四五%含まれるのに対し、同二〇〇〇ミリメートルの中央部パアロアでは一三~二二%に減少し、さらに同七五〇ミリメートルの南海岸モロカイでは一・六~一一・一%にすぎなかった。つまり、オアフ島の赤色土に含まれる石英の含有率は降水量の多寡に一致していたのである。

これによって彼は、アジア大陸からオアフ島上空に運ばれた微細石英が、雨に混じって降ってきたものと考え、雨量が多い地域ほど地表に降ってくる石英量が多いと結論づけたのである。この考えを支持するように、オアフ島の微細石英（一～一〇ミクロン）が示す酸素同位体比は、周りの島々や海底から採取された微細石英の値とほぼ同じ一七・六パーミル（‰）で、それはアジア大陸の石英の値とほぼ一致したのである。

さらに、約一〇〇万年前に噴出した玄武岩の上に堆積する土壌に含まれる雲母の年代が約一億年前という結果が得られるなど、ハワイの石英や雲母が玄武岩の風化物ではなく、風成塵のような外来物質と考えざるを得ない事実が次々に明らかになっていった。

同じように、カリブ海と大西洋の間に浮かぶ小アンティル諸島のバルバドス島で宇宙塵の採取実験を行なったブラウンロウほか（一九六五）は、採取装置に赤褐色の土壌粒子が混じっていることに気がついた。彼らはこの土壌粒子が、島にある石灰岩風化物が風で舞い上げられた物であろうと考えたのである。

しかし、一九六七年にデラニィほかがあらためてこの物質を調べたところ、サハラ沙漠から六〇〇〇キロメートル以上も離れた島に運ばれたサハラ風成塵であることをつきとめた。当時はアフリカ大陸から数千キロメートルも離れた島々に土壌粒子が運ばれるとは考えられなかったのである。

その後、世界の海洋域では多くの研究者によって上空を運ばれる風成塵と海底に堆積した物質が分析されるようになり、大洋に浮かぶ島々に運ばれ、土壌の母材となる風成塵の存在が知られるようになった。

海洋底に堆積する風成塵

沙漠や氷河から供給された風成塵は、陸上に堆積するだけでなく、海洋底にも堆積している。図10は海洋底に堆積している風成塵の分布域を示している。

この図を見ると、風成塵が偏西風や貿易風の通り道に細長く分布していることがわかる。北太平洋の、中国大陸の東岸から東シナ海や黄海、日本海を通過してさらに東にのびる舌状の分布域は、偏西風のルートとほぼ一致している。さらに北米大陸の西岸から太平洋に向かい、西に向かう北東貿易風のコースに沿って風成塵の分布域がのびている。

南太平洋では、オーストラリア沙漠から偏西風帯に沿ってタスマン海を通り、ニュージーランドを越えて東にのびる分布域がある。南米のアタカマ沙漠からは西に向かい南東貿易風に沿う帯状の分布域が認められる。

一方、大西洋では、サハラ沙漠から北東貿易風帯に沿って西にのびる帯状の分布域が認められ、その東端はカリブ海に達している。このほか北米大陸のレス分布地域から偏西風帯に沿って分布域が大西洋に細長くのびている。南大西洋では南アフリカのカラハリ沙漠やナミブ沙漠から南東貿易風帯に沿い、大西洋の沖合まで分布域が広がっている。

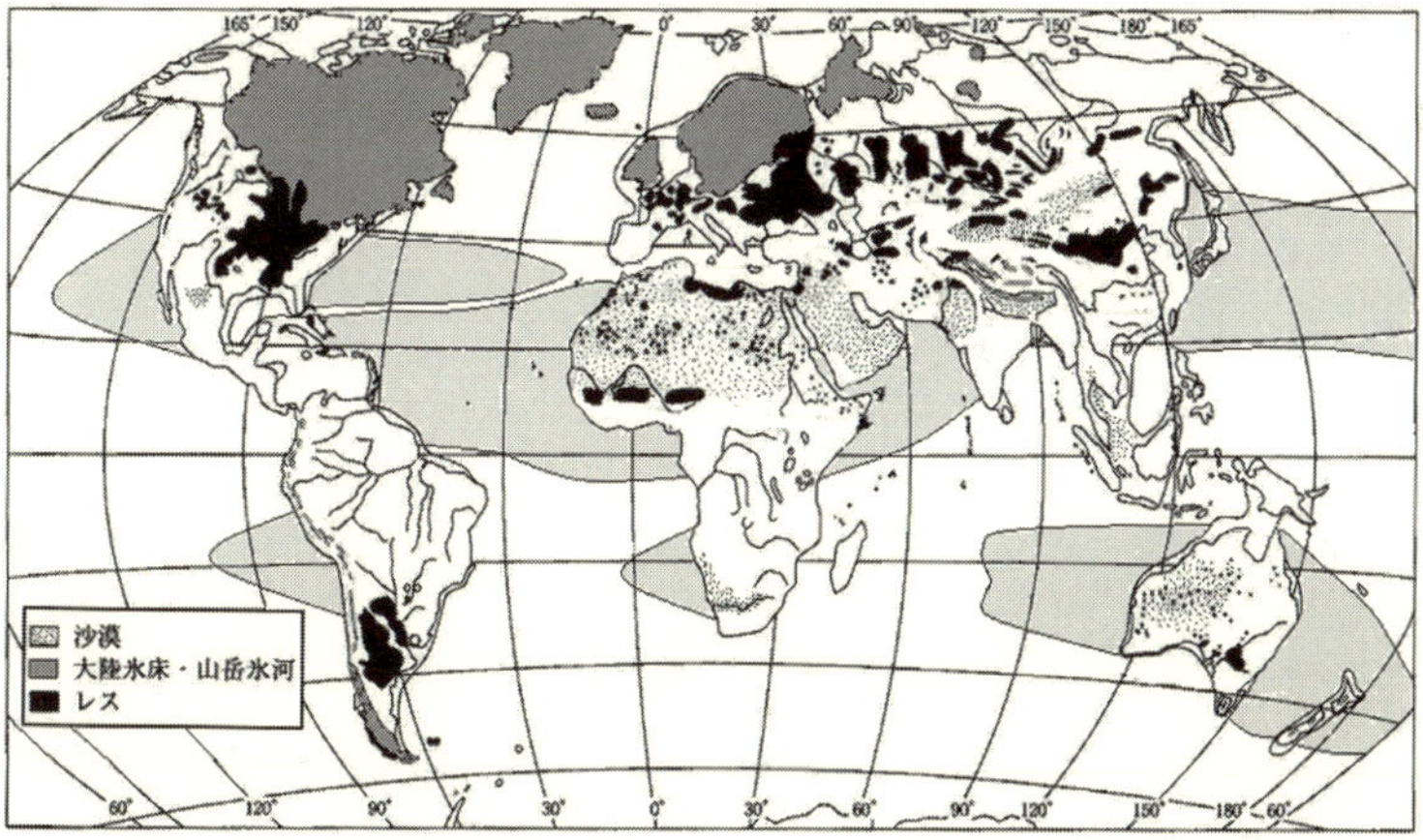

図10　世界の陸上・海底のレスと沙漠分布（Livingstone and Warren, 1996に加筆）
の部分が海洋底の風成塵分布域

インド洋では、アラビア半島のルブアルハーリー沙漠やインドのタール沙漠などから、冬のモンスーン北西季節風によって運ばれた風成塵がアラビア海に堆積するほか、南半球ではオーストラリア大陸の沙漠から南東貿易風帯に沿って西に分布域がのびている。このように、風上に沙漠やレスが広く分布している海域では、偏西風と貿易風のルートに沿って帯状の分布域が認められる。

マクタニッシュとウオーカー（一九八二）によれば、サハラ沙漠から北東貿易風ハルマッタンによって運ばれる風成塵の量は、一年間に一三七〜一八一トン／平方キロメートルであるという。兵庫県のほぼ中央の加東市に降る黄砂が年間四トン／平方キロメートルであるので、ハルマッタンが運ぶ風成塵はこれよりも最大四五倍も多い。しかも、風成塵の大きさは八・九〜七四ミクロンと大きい。

大西洋に運ばれる風成塵がこの程度の大きさであれば、十分に海底に沈下すると思われるが、問題は大洋の真ん中あたりである。数ミクロンしかない微細粒子が海面に降ったあと、どのようにして海底に沈んでいくのか、理解が難しい。

たとえば、ハワイあたりでは風成塵の大きさは三ミクロン以下しかない。塩分を含んだ海水は比重が重いので、比重が軽く細粒な風成塵は、沈まないで浮いてしまう可能性が高い。したがって、海面に落下した風成塵は沈むものよりも、海面を浮遊するものが多いと考えられる。それが、潮流に流されていくうちに、なんらかの機会に海底に沈殿するようになるのではないかと考えていたが、その機会とはなんであるのかわからなかった。しかし、たしかに風成塵が海底に堆積しているのであるから、最終的には風成塵は沈殿するのであろう。

その疑問について、岩坂（二〇〇六）は海面に落下した風成塵をプランクトンが食べ、そのプランクトンの大きな排泄物が海底下に沈下する可能性を指摘している。栄養塩類やミネラルを含む風成塵を、大洋に棲むプランクトンが必要としているからだという。

第5章 レス・黄土

レス・黄土とは何か

風成塵が堆積して地表に厚く堆積したものを、英語でレスloessと呼んでいる。中国では黄土と呼ばれ、灰黄色を帯びた風積土のことである。

このレスは世界各地に分布しているが、北半球や南半球を問わず、見た目がそっくりである。したがって、一度でもレスを見たことがある人は、世界のどこでも容易にレスを見つけることが可能である。しかし、中国沿岸部や韓国・日本のように気温が高く、降水量の多い地域では、レスの堆積後に風化作用が進んで赤みの強い土壌に変化しているので、黄土《ホワントウ》高原の典型的な黄土しか見たことがない人にはレスかどうかわかりづらい。

レスは、もともとドイツ領内のライン地溝帯に分布している細粒のシルト質土（二一〜二〇ミクロン）のことであった。この地方のレスは、乾くとさらさらした粉状になり、風が吹くと舞い上がる程度の細かい粒子からなっている。ところが、いったん水にぬれると粘質化し、ぬかるみに足をとられて難渋するほどである。

乾いた黄土も水を加えてこねると驚くほど粘り気が出てくるので、粘土細工に向いている。中国をはじめ、世界各地のレンガの多くはレス・黄土を原料にしている。したがって、レスの分布する場所には、ほとんどといってよいほどレンガ工場がある。採土現場にはみごとなレス断面が露出しているので、私たちはレンガ工場の高い煙突を目印にして調査することにしている。

一九七五年に陝西《シャンシー》省にある始皇帝陵の外城の東で発見された兵馬俑坑から、おびただしい陶俑が発掘されたことはあまりにも有名である。実物大の陶俑は紀元前三世紀の中国皇帝の軍団を忠実に再現している。この陶俑は黄土そのものを焼いて作ったものではなく、黄土が風化した粘土分の多いやや赤みを帯びた古土壌や山地の風化土壌を混ぜ、成型して焼いたものといわれる。

レスは空から降って堆積したもので、粒子間の隙間が多く多孔質の構造が特徴である。そのためレスは透水性が非常に高い。レス台地の上に雨が降ると、雨水は表面を流れないで、ほとんどが地下に浸透してしまう。リヒトホーフェン（一八七七）が黄土の特徴のひとつに透水性が高いことをあげているように、雨が降ってもすぐに地下に浸透するので黄土高原の上には河流が発達しないといわれる。

沖縄本島の土壌は、中国内陸部の沙漠から飛来した風成塵が主な母材と考えられる。琉球大学の黒田登美雄氏は、沖縄の表層土壌の特徴のひとつに高い透水性をあげている。その高い透水率は南部の琉球石灰岩上の土壌でも、北部の基盤岩や国頭礫層上の土壌でもほぼ同じであるという。

このような透水性の高さには、レス特有の多孔質の性質が反映しているのかもしれない。水もちが非常に悪いので、水田には不適な土壌とされている。

乾燥した黄土は粒子間の隙間が多いために、手で簡単に崩すことができる脆いものであるが、棒などで叩いて粒子間の隙間を締めると堅固な構造物を作ることができる。古くから中国では版築という工法を用いて城壁、墳丘、長城が築かれている。版築工法というのは、黄土に水を加えて、場合によっては石や植物を混ぜて、丹念に叩いて堅くする方法である。このため版築工法によって築かれた建造物は、長期間、風雪に耐えて残っている。

一回に堆積する黄砂・風成塵の量はそう多くはないが、「塵も積もれば山となる」ように、長い間には地層を形成するほどの厚さになる。たとえば、中国西安《シーアン》の兵馬俑遺跡は少なくとも二メートル近い黄土層下に埋もれている。この遺跡は約二二〇〇年前のものであるので、平均すると年〇・九ミリメートルずつ黄砂が堆積し、一〇〇〇年間に九〇センチメートルの黄土層ができたことになる。

氷河と沙漠から供給される風成塵

風成塵の供給源は二つある。氷河と沙漠である。

山頂に降った雪が夏の間に解けないで残ったものの上に、次の冬に降った雪が積もる。こうして毎年のように雪が積み重なると、下のほうの雪は重みで氷に変わる。氷はやがてその重みで谷を流れ下るようになり、氷河を形成する。氷河がゆっくりと谷を流れ下るときに、氷が岩盤を擦って岩粉を生産する。岩粉は、氷河の下を流れる融氷水に溶けて、泥水となって氷河末端まで運ばれる。そして氷河の末端に形成されたアウトウオッシュと呼ばれる扇状地に堆積する。

扇状地には、ティル（漂礫土）と呼ばれる巨礫からできた氷河堆積物や微細な岩粉が堆積するが、岩粉のなかには、さらに下流に運ばれて川の両岸や中州に堆積するものも多い。このような岩粉が混じった泥水は白く濁っているのでミルクウオーターと呼ばれる。

氷河の末端地域は周氷河気候が卓越している。周氷河気候の特色は、寒さが厳しいことと、非常に強い西風が吹いていることである。この強い西風によって岩粉が舞い上げられて東に運ばれ、植生のある地表に堆積する。これが氷河レスと呼ばれるものである。

ドナウ川の流域には、川に沿うように線状に自然堤防が発達し、そこに植生が繁茂している。その植生のある場所に風成塵が堆積するので、ドナウ川流域には線状にレスが分布する。これより風下になると、ウクライナのように草原が広がる地域に面状にレスが分布している。

風成塵は温暖な完新世（一・二万年前〜現在）には少なく、寒冷な氷期に多かったことがわかっている。それは氷期に乾燥気候が支配的な地域が拡大したことと、風成塵を運ぶ風が強くなったこと、さらに沙漠起源の風成塵だけでなく、氷河が拡大したために氷河が生産した風成塵が加わったことによる。

現在は、温暖な時期なので氷河の面積が小さいため、氷河地域から運ばれる風成塵は少なく、沙漠から運ばれる黄砂・風成塵がほとんどである。

沙漠レスは、沙漠で舞い上がった細粒物質が風で運ばれ堆積したもので、黄土はその代表的なものである。沙漠では砂塵嵐（ダストストーム）がしばしば発生し、沙漠の周辺地域に大量の風成塵が運ばれる。サハラ沙漠、オーストラリアの沙漠、中国の沙漠などが風成塵の主な発生源であり、とりわけ開発が進んでいる沙漠では、風成塵が増加傾向にあるという。

給源地から舞い上がった風成塵は、偏西風や貿易風、高層を流れるジェット気流などによって風下に運ばれる。風成塵は、陸上だけでなく海洋底にも広域に分布している。そして図示できないほどの薄いレスは、**図10**に示す範囲以外にも広域に分布している。

リヒトホーフェンの黄土研究

レスが研究対象になったのは一八二〇年代半ばである。一八二四年にレオンハルドが、ハイデルベルグ近くのライン河谷に堆積する未固結でシルトサイズ（二〜二〇ミクロン）の土壌をlössと呼んだことが始まりとされる。今日、私たちが使用している英語表記のloessはイギリスの地質学者ライエル（一八三四）によって命名されたものである。

ライエルは、ライン地方や北米のレスは風で運ばれた物質ではなく、川の水で運ばれた流水堆積物、あるいは湖底に堆積した湖成堆積物と考えており、今日の常識とは異なっている。

たしかにヨーロッパや北米では、河水によって運ばれた砂や洪水時に運ばれた細粒なフラッドロームなどがレスと同一の露頭断面に観察されることが多いので、流水物質と風成物質であるレスを識別することが難しかったことは否めない。ただし、レスの原材料が氷河の融氷水に混じる岩粉であることに着目したライエルの考えは高く評価されている。このほか、当時のレスの成因については、火山灰説、岩石の風化物質説、宇宙塵説、動物や植物による岩石の破砕土壌化作用説などがあった。

この後、フランスのヴィルレドウス（一八五七）が風成作用によるレス堆積説を提唱したが、本格的な風成説が誕生するのは、ドイツの地理学者リヒトホーフェン（一八七七）による中国黄土の研究においてである。

シルクロードの命名者としても知られているリヒトホーフェンは、大著〝China〟全五巻と地図帳二巻を著している。一八七七年に刊行した第一巻で、中国黄土の成因について記述し、黄土は沙漠から運ばれた細粒物質が堆積したものであると述べている。

彼の生まれ故郷であるドイツのカールスルーエは、ライン河谷に沿う肥沃な地域で、ヨーロッパレスの典型的な分布地である。ここに分布するレスが中国黄土と驚くほど似た性状であり、後年、彼がレスの成因を考察するうえでかなりの影響を与えたと思われる。

一八三三年に生まれたリヒトホーフェンは、少年時代をここで過ごし、その後、ベルリン大学とブレスラウ大学で地質学と自然科学を学んだ。そして一八六八年から一八七二年までの約五年間、上海商業会議所の援助を得て、中国各地の地理学的な調査を行なっている。ドイツに帰国後、ベルリン大学地理学講座の教授となり、ドイツ地理学の発展に多大な貢献をしている。

中国黄土についてはすでに一八六四年にパンペリーが論文を発表している。彼は黄土が大淡水湖に堆積した湖底物質であり、その特徴として黄土が縦に割れる構造をもつことを指摘している。この考えは当時ヨーロッパで定着していた理論でもあったので、彼の論文はしばしば引用されたようである。六年後の一八七〇年にはウイリアムソンが山西《シャンシー》省で黄土を発見し、パンペリーの湖成説を踏襲している。

しかし、リヒトホーフェンは黄土が風成起源であると確信していた。その証拠として、黄土が北のモンゴル国境から南の湖南省まで広域に分布すること、凹凸のある地形をおおって堆積し、布団をかぶせたようになだらかで起伏の少ない地形を作っていること、黄土が大平原から標高二四〇〇メートルの五台《ウータイ》山脈の頂にまで堆積し、しかも同じ性質をもち、新しい時代に堆積したものであることなどをあげている。

彼は、従来の説のように土地が沈降した地域に大淡水湖や海洋が形成され、その湖底や海底に黄土が堆積し、その後、土地が隆起陸化して黄土層を形成したと考えるのは、黄土の年代があまりにも新しいので時間的に無理であるとした。

さらに、仮に黄土が淡水湖や海底に堆積したのであれば、黄土層に水平層理が発達するはずなのに、まったく認められないこと、淡水湖であれば淡水カタツムリが発見されるはずなのに見つからないこと、また海底に堆積したものであれば海棲動物化石が見つかるはずであるのにまったく見つからないこと、などの証拠もあげている。

彼は、黄土に多く含まれるカタツムリの殻は、地表近くで棲息していたカタツムリが、その場で破壊されることなく黄土層に埋もれたものである、カタツムリ殻が保存されるに十分なほど乾燥していた、そして黄土に特徴的に見られる縦に割れる構造は植物の根の痕跡であると考えた。すなわち、黄土が植物の生えた地表に降り積もったことを示唆するものであって、海底や淡水湖に堆積した証拠は見つからないとした。

次に彼は、黄土の特徴として、①灰黄色で柔らかく、砂や礫はとがった角のある形をしており、転がらない。毛管が植物の毛根のように分岐している。海綿のごとく水を吸収する。石灰分と黄土人形、さらに陸棲の哺乳動物の化石を含む、②垂直的な節理や崖が発達する、③層理が欠如しており、カタツムリの化石を含む、④標高二四〇〇メートルまで分布する（五台山脈）、⑤雨隙が発達する、の五点をあげている。

これらの中国黄土の特徴は、彼の生まれ育ったライン河谷のレスと驚くほど似ており、ヨーロッパのレスにも中国黄土の風成説があてはまるとした。

なお、リヒトホーフェンは黄土の厚さを四五〇メートル以上と考えていたが、のちに中国地質調査所顧問のアンダーソン（一九二六）が五〇～六〇メートル程度と修正している。アンダーソンは、一九二〇年代に周口店《チョウコウディエン》において、北京原人を発見したひとりとして知られている。しかし現在では、黄土の厚さは最大で三〇〇メートル近いと考えられている。

二〇世紀以降のレス・黄土研究

リヒトホーフェンの時代には、レスが過去の気候変動を反映したものと考える研究はまだ少なかったが、一九世紀末になるとレスと気候変動の関係が考察されるようになった。

本格的な風成レス研究がヨーロッパ、南・北アメリカ大陸、中国、ニュージーランドで進むようになった結果、レスが主に氷期に堆積し、古土壌が間氷期に生成したという考えがしだいに受け入れられるようになっていった。そして一九三〇年代には、今日の知見とあまり変わらないほどの精度をもつレスの世界分布図が発表されるようになった。

中国黄土高原でもシャルダンとヤン（一九三九）によって、馬蘭《マラン》黄土とその下位の紅色土《ホンセトウー》が第四紀の風成堆積物とその風化物として編年されるようになった。

時代が下って、一九七〇年代には古地磁気測定法がレス研究に導入され、ヨーロッパ各地でレス・

古土壌の対比・編年が確立されはじめた。その結果、一〇〇万年前ごろから約一〇万年周期で堆積と生成を繰り返すレス—古土壌が、深海底コアの酸素同位体比から得られた気候変動の周期にほぼ一致することが知られるようになったのである。

中国黄土高原でも、一九八〇年代までは洛川《ルーチョン》黄土が、一九九〇年代からは宝鶏《バオジ》黄土が黄土研究の中心地になり、約二五〇万年間における三三層の黄土と、その間に挟まる三二枚にも及ぶ古土壌層についての編年研究が行なわれるようになった。その結果、ヨーロッパレスと同様に中国黄土も、深海底コアから得られた地球規模の気候変動に対比可能であることが判明したのである。

一九九〇年代にはグリーンランド氷床コアや南極氷床コアの高精度分解能による気候変動が解明され、従来の気候変動観に変革をもたらした。そして中国黄土高原でも黄土の粒度変化に着目した研究によって、アジアモンスーンの変動が明らかにされるようになった。

こうした研究を通じて、黄砂・風成塵が寒冷な氷期に多く堆積し、温暖な間氷期や後氷期において減少したことが知られるようになっただけでなく、レス・黄土が第四紀の高精度分解能により、気候変動を解明できることが一九九〇年代に認識されはじめたのである。

第6章

世界のレス・黄土

海洋酸素同位体ステージMIS について

世界各地のレスについて述べる前に、まず第四紀の年代尺度について説明しておこう。歴史学と同じように地球にも歴史があり、それぞれの時間尺度も決められている。レスの研究は、主に第四紀という時代を対象にする。この時代は、地球の歴史のなかではもっとも新しい時代であり、気候変動の激しい時代でもある。

第四紀の始まりは、約一八〇万年前の古地磁気層序オルドバイイベントの終わりとする考え方が多いようである。第四紀はさらに更新世と完新世にわけられている。その境界は一万一六〇〇〜一万一〇〇〇年前であり、この時期は気候変化だけでなく農耕を開始した人類にとっても大きな変換点になっている。

更新世は、前期、中期、後期の三期にわけられている。前期と中期の境界は七八万年前で、ブリューヌ・マツヤマ境界と呼ばれる地磁気の変換点におかれている。この時期は、レスにとっても一大変換点であり、世界中にレスの分布域が拡大しはじめる時期である。中期と後期の境界は最終間氷期の開始する約一三万年前におかれている。

このような時代区分のなかで、第四紀を特色づける気候変動が何度も繰り返されたことが、二〇世紀初頭から明らかにされるようになった（町田ほか、二〇〇三）。

一九八〇年代の半ばまでは、第四紀の時間尺度の目安として四回の氷期が知られていた。ギュンツ、ミンデル、リス、ヴュルムといったヨーロッパアルプス山麓の氷河編年が、世界各地の地形や堆積物の時代対比の基準となっていた。最後の氷河期であるヴュルム氷期はさらに細分されており、当時はこの年代観にしたがって研究が進められたのである。

しかし、その後、研究の対象が陸上から海洋底に移り、さらに氷床コアに移るにつれて、まったく新しい年代観が出現するにいたった。高精度・高分解能研究による編年法である。

なかでも海洋底コアに含まれるプランクトン有孔虫殻が示す酸素同位体比$\delta^{18}O$の研究成果は、氷床コアや湖底コアの分析値とも一致していたので、第四紀の気候変動史の基準にふさわしいことが明らかになってきた。

この結果をまとめたものが、SPECMAP（Mapping Spectral Variability in Global Climate Project）年代という。そして、この年代による時代区分はmarine isotope stageすなわちMISと略

称されている。あるいはＯＩＳ（oxygen isotope stage）とも呼ばれる。なお、酸素同位体比の測定にあたって、同位体比の標準とされているのが標準海水の平均値ＳＭＯＷと、炭酸塩の酸素同位体比ＰＤＢの二つである。

それぞれのステージ（ＭＩＳ）とステージの境界線は、同位体比が急に変化する中間点に引かれており、一九五五年に海底コアの有孔虫殻の酸素同位体を調べたエミリアニにしたがって、各ステージの奇数番号は温暖な時期、偶数番号は寒冷な時期を表わすようになっている。そしてそれぞれの境界には、ＳＰＥＣＭＡＰ年代が与えられており、**図11**にその年代を示している。

オーストリアのレス

西ヨーロッパと東ヨーロッパの間にあって、ハプスブルグ家の栄華を今に残したウィーンの街。そ

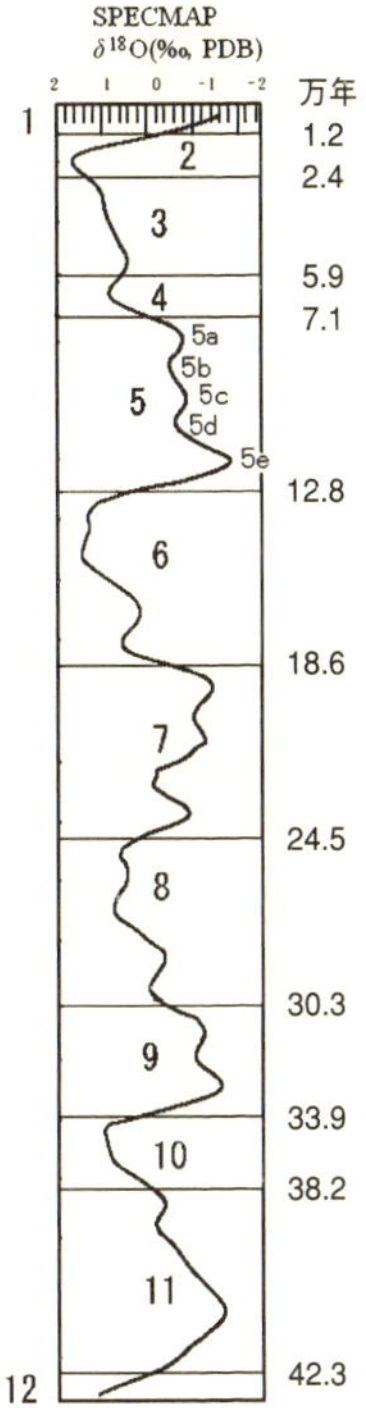

図11　SPECMAP年代（PDB：炭酸塩の酸素同位体比）

してアルプスを背後に抱いた美しい街ザルツブルグ、インスブルック。オーストリアは、モーツァルト、ベートーベンなどが活躍した音楽の国でもあり、自然と文化の魅力に富んだ国である。

第四紀学を学んでいる私たちにとっても、オーストリアは魅力的な国である。アルプスの氷河が残した地形が発達しており、平野にはレスが堆積している。その模式地ともいうべきクレムスの町では世界的に有名なクレムスレスが知られている。

ドナウ川に面したクレムスの町は小さいけれども、教会を中心にした美しい町並みで知られ、観光地として名高い。ウィーン西駅から列車に乗って一時間ほどでクレムスに到着する。三月の厳しい寒さから一転して、四月になるとアルプスを越えた南風がフェーンとなってオーストリアに吹きこむために気温が上がる。そしてウィーンからクレムスまでドナウ川を船が通うようになると、しだいに観光客が増えてくる。さらに五月になるとクレムスの町は初夏の陽気のもとで街路樹や公園の木々がいっせいに若葉をつけ、色とりどりの花が咲くようになる。

クレムスレスは、氷期にスカンジナビア半島に広がった大陸氷床や、ヨーロッパアルプスの谷氷河から供給された岩粉が偏西風によって運ばれ堆積したものである。クレムスにあるレンガ工場の採土地にはみごとな露頭があり、灰黄色のレスと茶褐色の古土壌が何層にも重なっている（図12）。このレスについて、名門ウィーン大学の地学教室と地理学教室が早くから研究を進め、その成果は世界でも高く評価されている。

このクレムスレスが有名になったのは、フィンクとククラ（一九七七）が、レスの古地磁気を調べたところ、約一七〇万年前からレス—古土壌が堆積・生成を繰り返したことがわかったからである。クレムスレス断面は気候変動に対応して、氷河レスが堆積したり、古土壌が生成したりすることを如実に示すものであった。ただし、七八万年前以降になると約一〇万年周期で気候が変動するようになるが、このことを記録するレス層が、クレムスでは見つかっていない。

私は、このクレムスだけでなく、北部の平原一帯に分布するレスの採取調査を何度か行なったこと

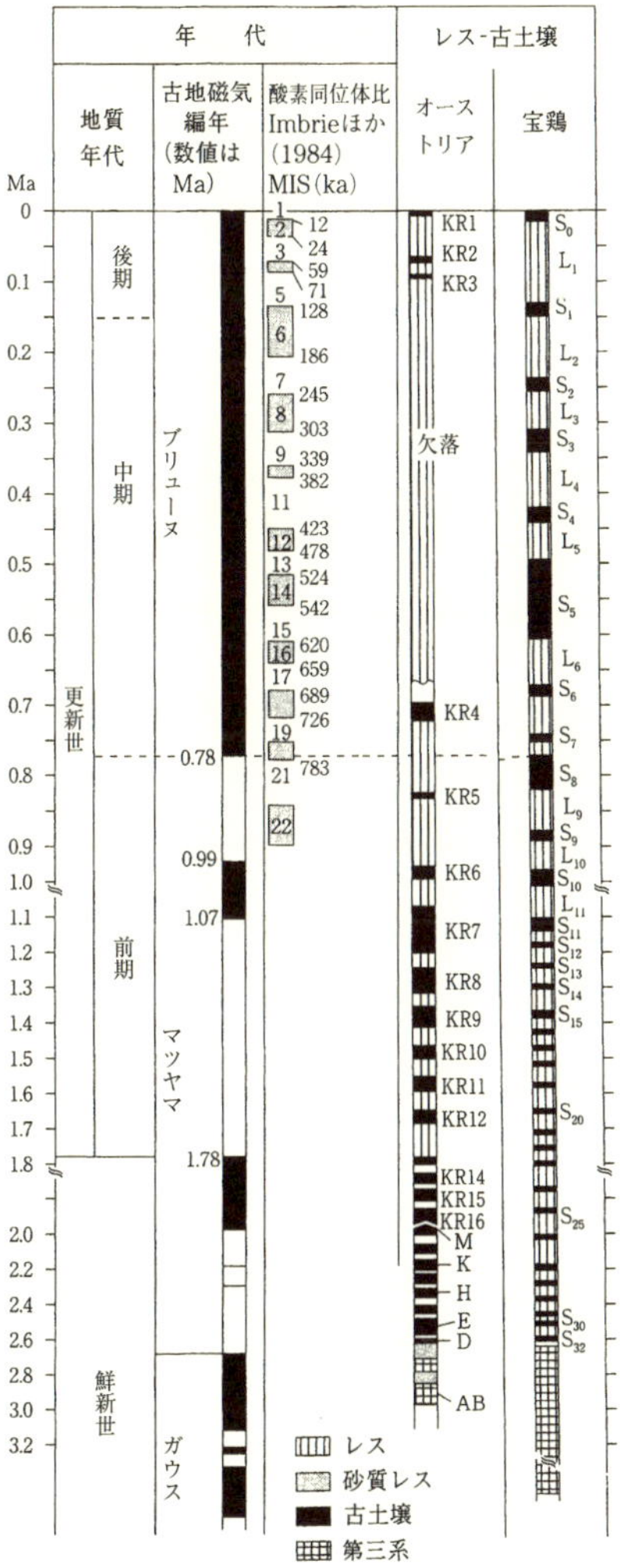

図12　オーストリア、クレムスと黄土高原宝鶏黄土の編年（Pécsi, 1995；成瀬、2006に加筆）（Ma：100万年）

がある。一九八六年の四月に入って暖かくなったので野外調査を始めた。ウィーン北駅まで市内電車で行き、そこから北ヨーロッパに向かう列車に乗り、途中の駅で下車した。四月はじめの農村は寒い冬が終わって麦がのびはじめ、農作業が始まる季節であった。ひばりがさえずる美しい農村地帯を、地図を片手に各地のレスを採取して歩いた。

農村のところどころに広い森が広がっている。森は平坦で、しかも下生えがないので歩きやすく、つい行きすぎて方向を間違えてしまうことがあった。一度などはまったく反対の方向に出てしまい、しかたなく一〇キロメートル先の鉄道駅に向かって農道を歩いていると、駅の近くまで車に乗せてくれた親切な人もいた。このようにのどかで楽しいフィールドワークであったが、思わぬことで中止せざるを得なかった。

調査も進んでレス試料がかなり集まった五月一日、すぐにでもオーストリアを離れるようにと日本から連絡が入った。どういう理由で連絡してきたのか、最初はまったく理解できなかった。話を聞いてみると、どうやら新聞に少し出ているチェルノブイリ原発の火災事故による放射能汚染が理由らしい。しかし、オーストリアではその日の新聞やテレビでも火災事故のことが簡単に報道されるだけであった。

この事故はオーストリア大統領選挙の直前に発生しており、事故直後の五月四日には第一回目の選挙が行なわれている。この原発事故が、選挙結果にどのように影響したのかははっきりしていないが、事故に対するメディアの対応はまことに慎重であった。日本でのセンセーショナルな報道に慣れている私にとって、この国の報道ぶりは驚くことばかりであった。報道の姿勢が日本と根本的に異なるのか、あるいは当時の社会党政権下にあって東側諸国に対する政治的な配慮の結果なのか、よく理解できなかった。

このとき採取したレス試料を日本に送り、研究室で各種の分析を行ない、現在もオーストリアレスの代表的なデータとしてよく利用している。

エジプトの風成塵

金子史朗（二〇〇一）は『古代文明はなぜ滅んだか』のなかで、「ネフェルティの予言」について新たな解釈を試みている。

それによれば、エジプト第四王朝のネフェルティの言葉に「日輪はおおい隠され、光を放たず、人々は見ること（も）できない。雲が（それを）かくすなら、人は生きて行けないのだ。だれもが日輪がなく聾者である」「だれもが正午がいつなのかわからない。その影を算定できないのだから。（かれを）みても眼がくらむことはない」がある。

金子氏は、この記述について、サハラ沙漠から運ばれてきた風成塵があたり一面にただよい、日射が埃のベールで遮られたために、太陽の輝きは月のように弱く、ぼんやりとなってしまっているのだと解釈している。

この様子は、現在のサハラ周辺ではごくありふれた光景であって、とくに珍しい現象ではない。エジプトに風成塵を運んでくる風のひとつにハブーブがある。

ハブーブはエジプトから紅海にかけて吹く乾燥した熱風である。このほか、地中海を低気圧が通過するさいにも、南から暖気が吹きこむ。このときの南風によって沙漠の乾燥した表土が舞い上げられ、エジプトに風成塵が運ばれてくる。とくに寒気が暖気の下にもぐりこむ場合には、寒冷前線の部分で風成塵が壁のように高く舞い上げられる。

やがて低気圧の中心が東方に移動すると北からの風が吹くようになり、南から運ばれてくる風成塵は減少する。この間、南風は数時間続き、視界は五〇メートル以下になるという。

私もこの南風に出くわしたことがある。一九八五年二月、イスラエルのヘブライ大学で風成塵の勉強をするために、南回りでイスラエルに向かった。夕方にシンガポールを発った飛行機は、翌朝四時にカイロ空港に到着する予定であった。飛行機は順調に飛行を続け、やがて窓外にカイロ郊外の村々の灯がはっきりと見えるようになった。

空港に近くなり、高度を下げた飛行機から見た窓外の景色は一変していた。カイロの街の灯りがにじんで、星雲を見ているようであった。どうして街の灯りがにじんで見えるのか不思議でならなかった。飛行機はさらに高度を下げて最終着陸態勢に入ったものの、うまく着陸できずに再び上昇する。

機長は何度か着陸を試みたが、結局、着陸をあきらめて地中海に浮かぶキプロス島で待機することになった。

ちょうどこの日はエジプト上空を低気圧が通過し、南から強風が吹きこんだのである。そのため砂嵐が発生して多量の風成塵がカイロに運ばれ、極端に視界が低下したことがあとでわかった。街の灯りがにじんで見えたのもそのためであった。

飛行機は、キプロスでしばらく待機してから、再び南下してカイロに到着した。すでにイスラエルのベングリオン空港行きの飛行機は出発したあとだったので、やむなく空港内のトランジットホテルに一泊し、翌朝、シナイ航空でイスラエルに向かった。風成塵の研究が目的でイスラエルにやってきたのであるが、皮肉にも初日から砂嵐の歓迎を受けたのである。

イスラエルのレス

イスラエルの中央平原には豊かな農業地帯が広がっている。この平原にはサハラ沙漠などから運ばれた沙漠レスが厚く堆積している。平原中央にあるネティボツには、道路建設によってできた高さ四メートルほどの崖で沙漠レスが観察できる有名な場所がある。

褐色の沙漠レスの間には白い炭酸カルシウム団塊が集積した古土壌が何層も埋没している。この古土壌は、乾燥した気候のもとで、地下水に含まれるカルシウムが水分とともに地表まで上昇する過程できたものである。水分は大気中に水蒸気として出ていくが、カルシウムは地表部分に残って炭酸カルシウム（方解石）集積層を形成するようになる。したがってこの古土壌は、乾燥期に形成された古土壌と考えられている。

イスラエルは全土が石灰岩ないし、石灰質の岩石からなっているので、地下水にもカルシウムが多く含まれている。キリストが処刑されたと伝えられるゴルゴダの丘も白い石灰岩からなっている。サハラ沙漠などから風で運ばれたネティボツの沙漠レスがいつ、どのような環境のもとで堆積したのかについては、ヘブライ大学地質学教室にもまだ明確なデータがなかった。そこでレスがいつ堆積したものであるかを知るために、古土壌の炭酸カルシウム集積層から試料を採取し、日本に持ち帰って、桜本勇治氏にＥＳＲ年代測定を依頼した。

年代測定の結果、古土壌がいずれも太陽放射の極大期で、北半球の平均放射量が増大する時期に一致していることがわかった。したがってヘブライ大学のヤーロン（一九八七）がすでに指摘していたように、古土壌は温暖で乾燥した時期に、レスは寒冷で湿潤な時期に堆積したことが証明されたのである。

太陽放射が増大すると、低緯度地域に発達するハドレー循環が活発になる。その結果、イスラエルはハドレー循環が下降する中緯度発散帯に入り、乾燥気候が卓越する。そのために方解石が集積する土壌生成作用が進んだことが、この測定によってはっきりした。

一方、太陽放射の減少期には極気団が優勢となり、現在の地中海に冬雨をもたらすポーラーフロントがしばしば南下するようになった。そのため、イスラエルにはポーラーフロントが頻繁にかかるようになり、低気圧がしばしば通過した。

この低気圧は雨をもたらすだけでなく、南の沙漠から風成塵を運びこんでくる。そのために沙漠レスが多く堆積したことも判明した。こうした寒冷期に降水量が増加したことを裏づけるように、四・五万〜二・二万年前のヨルダン川の谷は湿潤な気候であって、死海の水位も高かったといわれる。

トルコ、アナトリア高原のレス

標高八〇〇〜一〇〇〇メートルのアナトリア高原では、地中海性気候特有の高温で乾燥した夏が終わり、一〇月中旬になるとポーラーフロントが南下して低気圧が通過することが多くなる。低気圧がやってくると、まず南風が吹くようになる。この南風にはサハラ沙漠などから運ばれた風成塵が混じっている。やがて低気圧の中心がアナトリア高原にさしかかると雨が降りはじめる。と同時にあたり一面に土埃の匂いが立ちこめる。それは沙漠から運ばれてきた風成塵と、乾ききった夏のアナトリア高原から旋風によって舞い上げられ、上空に滞留していた土壌粒子がともに雨に混じって降ってくるからである。

アナトリア高原には、かつて肥沃な黒土が広く分布していたようである。それを示すように、高原のところどころにわずかではあるが黒土が残っている。この黒土の厚さは一〇〇センチメートルほどで、レスを母材にして生成されたものである。黒土の下層には、白い色をした厚さ三〇センチメートルほどの炭酸カルシウム集積層が見られる。この炭酸カルシウム集積層はレスに含まれるカルシウム分が集積してできたものである。

レスを母材にし、下部に炭酸カルシウム集積層が発達した黒土は、後述するようにチェルノーゼムがその代表的なものである。チェルノーゼムは、アナトリア高原の北にある黒海を挟んでウクライナ側に広く分布している。ウクライナでは、氷期にフェノスカンジナビア氷床から偏西風によって運ばれた氷河レスが堆積し、それを母材に黒土が生成したのである。アナトリア高原では、フェノスカンジナビア氷床からの風成塵に加えて、主に南のサハラから飛来した風成塵が混じってレスが形成され、そのレスを母材に黒土が生成されたと考えられる。

私たちは、アナトリア高原の土壌の母材が風成塵起源であることをつきとめるために、アナトリア高原の石灰岩台地や湖、盆地の堆積物を採取し、なかに含まれる石英の酸素同位体比を調べたことがある（Inoue *et al.*, 1998）。

アナトリア高原には多くの湖や盆地がある。湖や盆地には、かつて湖水域が広く水位も高かった跡がはっきり残っている。たとえばコンヤ盆地やツズ湖は最終氷期に湖水域が拡大し、逆に温暖な時期に縮小している。いずれの湖底にも厚くシルトが堆積している。

こうしたアナトリア高原のコンヤ盆地に堆積する湖成シルト、ベイシェヒール湖沿岸の石灰岩地域に発達するテラロッサ、エルジエス火山（標高三九一七メートル）山麓の火山灰に埋没する黒褐色古土壌について、微細石英（一〜一〇ミクロン）の酸素同位体比を求めた。

その測定の結果、コンヤ盆地の湖成粘土は一九・八と二〇・六パーミル（‰）、テラロッサは一八・七‰、エルジエス火山山麓の古土壌は一八・一〜一八・三‰であった。さらに地中海に浮かぶクレタ島のテラロッサは二〇・一‰と二二・七‰、イタリア中部のテラロッサは二〇・二‰、北アフリカのチュニジアレスは一八・七‰と一九・三‰など、多少の幅はあるがお互いに似ていた。したがって、これらの微細石英が、シロッコ、ハブーブなどによって運ばれたサハラ風成塵であり、地中海沿岸をはじめアナトリア高原に運ばれて湖沼堆積物や土壌母材になったことを示していた。

アナトリア高原とその南の「肥沃な三日月地帯」は、小麦の原産地として有名である。レスを母材にした黒土は小麦の栽培にとって、非常に良い土である。したがって、肥沃な黒土が分布していたアナトリア高原は、「肥沃な三日月地帯」とともに小麦栽培に適していた土地ではなかったのだろうか。しかし、現在は、土壌侵食が進み、貴重な黒土のほとんどが流出してしまっている。

中国黄土

黄土高原《ホワントウ》は、三〇〇メートル近くも黄土が堆積してできた高原であり、標高が一〇〇〇メートル以上である。この黄土は、タクラマカン沙漠や、黄土高原の西に隣接するゴビ沙漠などから黄砂が運ばれ堆積したものである。

この地において、一九五四年に中国科学院地質研究所に第四紀研究室が開設され、その前年から本格的な黄土研究が開始された。その結果、一九六一年の第六回ＩＮＱＵＡ（国際第四紀研究連合）で、劉東生ほかは、中国黄土は上から、全新世《チャンシンシー》（次生《ツーシァン》）黄土、馬蘭《マラン》黄土、離石《リーシ》黄土、午城《ウーチェン》黄土に区分されると発表した。

この発表において、厚さ一三〇メートルの洛川《ルーチョン》黄土断面では、黄土—古土壌を時代区分することが可能であること、黄土は大きく四層に区分されることが明らかにされた。それによると、全新世（次生）黄土は堆積中の現成黄土であり、馬蘭黄土Ｌ１（厚さ九メートル）は最終氷期に堆積した黄土である。離石黄土はＳ１～Ｌ15の黄土—古土壌からなり、上部離石黄土（同二〇メートル）はＳ１～Ｌ５、下部離石黄土（同五〇メートル）はＳ５～Ｌ15の黄土からなる。さらに午城黄土（同五〇メートル）はＷＳ-１～ＷＬ-３に区分されるという。

それぞれの黄土層の年代については、全新世黄土は数千年前から、馬蘭黄土が一〇万～一・二万年前、上部離石黄土が五〇万～一〇万年前、下部離石黄土が一二〇万～五〇万年前、午城黄土が二四〇万～一二〇万年前としている。この年代は後述するように現在とあまり違っていない。なお、Ｌは黄土loessを表わし、Ｓは古土壌soilを、Ｗは午城黄土および古土壌を表わしている。

一九七〇年代になると、中国は外国との共同研究を積極的に進めるようになり、黄土研究が一気に進展するようになった。その窓口となったのが劉東生氏であり、一九五三年から積み重ねてきた黄土研究の集大成『黄土与环境』(一九八五)は現在でも多くの人びとによって引用される本である。

こうした国際的な共同研究によって得られた成果のうち、とくに注目されるようになったのが深海底コアの分析によって得られた酸素同位体比曲線と黄土―古土壌層序の関係であった。黄土―古土壌の堆積・生成の時期がSPECMAPの各ステージに一致すると考えられるようになったのである。

海洋調査船を使って得られた海洋底コアの酸素同位体比分析には大がかりな装置が必要であり、誰にでもできるような研究ではない。しかし、黄土高原は良い露頭に恵まれれば容易に試料が入手でき、分析方法もそれほど難しいものではなく、大がかりな装置も必要としない。世界各地から第四紀研究者が黄土高原を訪れ、研究が進められるようになったのもそうした理由からであった。

現在までに、黄土―古土壌の粒度組成、帯磁率、古地磁気測定、年代測定などの研究が着実に積み重ねられ、とくに黄土―古土壌の帯磁率変動と深海底コアから得られた酸素同位体比変動や北緯六五度における太陽放射量変動との密接な関係がほぼ立証されている(Heslop *et al.*, 2000)。

天安門事件が起こった一九八九年六月に、黄土高原で地形災害ワークショップが開かれた。世界各地から地形学者が西安《シーアン》に集合し、マイクロバス五台に分乗して黄土高原を横断し、各地で黄土の地層や地滑り、土地利用の状況などを見学しながらめぐった。一週間の黄土高原の巡検が終わって、蘭州《ランチョウ》市でシンポジウムが開かれた。多くの研究発表が行なわれ、私も東アジアの風成塵について発表した。この発表について、スウェーデン、ルンド大学自然地理学教室のラップ教授が関心を示してくれたことを記憶している。ラップ教授は痩身の温和な紳士であり、著名な風成塵研究者である。

シンポジウムが終了し、再びバスで蘭州を出発、青海湖《チンハイ》まで行き、湖上を黄砂が通過する様子を見ることができた。標高約三〇〇〇メートルの青海湖の上を黄砂が運ばれ、二日後には日本に届くのである。

西寧《シーニン》市で最後の夕食会が開かれたとき、戒厳令下の北京市天安門広場で情勢が深刻化したことをテレビが繰り返し放送していた。翌朝、案内をしていただいた先生方が深刻な顔をして、北京をはじめ各都市に戒厳令がしかれ、外国人は都市に入らないように通達があったことを伝えてくださった。

やむなく私たちは、田舎道を選んで西寧空港に向かった。真夜中近くになって、やっと空港近くのホテルに到着、大部屋にベッドを並べ、全員で一晩を過ごした。なかには短波放送を受信できるラジオを持っている人もいて、北京のくわしい情勢を知ることができた。

翌朝、北京行きの飛行機が西寧空港に到着するかどうか心配であったが、予定時刻に飛行機が到着し、無事、飛行機が飛び発ったときは機内でいっせいに拍手が起こった。北京空港に到着すると、混乱していたものの、同行していた北京大学の先生方の配慮で郊外のホテルに宿泊することができ、翌朝、予定どおりに帰国できた。

黄土高原の黄土

このワークショップでは、黄土高原の各地に堆積する黄土層を仔細に観察できた。当時の黄土高原は土壌侵食が進んでいたために、各地で土壌侵食を防ぐ対策が取られはじめていた。植林事業もそのひとつである。黄河流域では、黄河からポンプで水をくみ上げ、スプリンクラーで植林地に散水する方法が取られはじめていた。しかし当時の黄土高原は黄土がむき出しになっている地域が広く、風が吹くと砂塵がひどい状態であった。

二〇〇六年九月に再び黄土高原を訪れる機会がやってきた。一七年ぶりの黄土高原はどのように変貌しているのか、植林事業の成果はどのぐらい上がっているのか、当時は洛川が黄土研究の中心地であったが、そののちに黄土研究がさかんになった宝鶏《バオジ》黄土とはどのような断面なのか、など興味深い旅行であった。

この旅行では、前回の苦い経験から、防塵マスクと手ぬぐいを用意していったが、あいにく毎日のように雨が降ったので無駄になってしまった。年降水量が六〇〇ミリメートルしかない西安市に連日雨が降ったのである。

西安市から高速道路二一三号線を北に車で三時間ほど走ると、黄帝の陵墓と伝えられる黄陵《ファンリン》に着く。そこからさらに一般道七六四号線を一時間ほど走ったところに、標高約一一三五〜一一六〇メートルの洛川がある。西安市からは、ほぼ二二〇キロメートルの距離である。この洛川には高さが一四〇メ

図13　洛川黄土（成瀬撮影）

ートルほどの黄土断面があり、ここで幾多の黄土研究が行なわれ、世界的に有名な場所になっている。

　この洛川黄土断面には、最新の情報によれば最下部に第三紀砂頁岩《さけつがん》が露出しており、その上には厚さ一〇〜一五メートルの紅粘土《ホンニエントゥー》（約二六〇万年前、鮮新世）が堆積する。さらにこの紅粘土の上に厚い黄土が堆積している（**図13**）。

　黄土層のうち、最下部の午城黄土（厚さ五〇メートル）はＳ13〜Ｌ33からなり、ステージ（ＭＩＳ）１０４〜35（二六〇万〜一一四万年前）に堆積したものである（**図12**）。

　離石黄土は二層にわけられており、下部離石黄土（同五〇センチメートル）はＬ15〜Ｓ５からなり、ステージ34〜15（一一四万〜六〇万年前）に堆積している。上部離石黄土（同二〇メートル）はＬ５〜Ｓ１からなり、ステージ14〜５（五四万〜七万年前）に堆積したものである。このうち、離石黄土のＬ8がステージ19にあたり、ブリューヌ・マツヤマ境界とされている。馬蘭黄土（同九メートル）はＬ1からなり、ステージ4〜2（七・一万〜一・二万年前）に堆積したものである。そして最上部には完（全）新世黄土が五〇センチメートルほど堆積している。完新世黄土と馬蘭黄土の間には黒壚土《ヘイルトゥー》Ｓ0（厚さ五〇センチメートル）が埋没している。黒壚土は一・二万〜五〇〇〇年前の温暖多湿な気候のもとでできた古土壌である。黄土に一〇％程度含まれるカルシウムが草木の腐植を吸着してできた肥沃な土壌は、やがて黄河流域に興った黄河文明の自然的基盤になったと考えられている。しかし、黒壚土は風積土特有の粒子間の間隙が大きいという特徴があるために、数千年前から始まった開発によって土壌侵食を受け、あっけなく流亡してしまった。今日、黒壚土を見つけることは難しいが、洛川の黄土断面にはみごとな黒壚土が観察できる。

洛川一帯は、かつては黄土がむき出しになった寒村であったが、現在は広大なリンゴ園に生まれ変わり、たわわに実ったリンゴが赤く色づいていた。訪れたときはちょうど収穫期にあたっており、出荷作業がさかんであった。新しく始まったリンゴ栽培のおかげで地域経済が潤い、道路沿いにはリンゴを販売する露店が並び、洛川の町は活況を呈しているようであった。近年、雨が多くなり、しかも羊と山羊の放牧が禁止されたこともあって、高速道路沿いの地域は樹木と草本類が繁茂する緑の高原に変わっていたのが驚きであった。

一方、宝鶏のほうは西安市から西に二二キロメートルの至近距離にあり、高速道四五号線が通って

図14　宝鶏黄土下部の黄土―古土壌（成瀬撮影）.

いる。高さ一六〇メートルの宝鶏黄土断面に通じる道は、あいにく工事中でふさがれていたために観察ができなかったが、近くの露頭には、七八万年前まで続いた四・一万年周期の気候変動が繰り返されたことを示す古土壌と黄土が年輪のように幾重にも積み重なり、壮観であった（**図14**）。

宝鶏黄土の研究は一九九〇年代に増えはじめ、現在では洛川黄土よりも研究例が多くなっている。交通の便が良く、しかも市街地に近く、宿泊設備も整っていることがその理由になっているのではないかと思われる。

韓国のレス

韓国では、古くから黄土と呼ばれる黄色の細粒土が知られている。この黄土を民家の内壁に塗って保温効果を高めたり、湿度の調節や臭気の除去などに広く利用されてきた。現在でも、ソウルから南に一時間ほどの利川《イチョン》には、外壁や内壁に黄土を使った古い民家が残っている。この民家を利用したレストランでは、黄土の素焼壺に入れて焼いた鴨料理が人気を呼んでいる。孔隙の多い黄土が鴨の油を吸い取ったヘルシーな料理が人気の秘密らしい。

このほか地方に行くと黄土を採掘販売する店があり、この黄土を使った顔面パックや化粧石鹸などが人気商品になっているほか、最近では壁面に黄土を塗って遠赤外線効果を高めるサウナなどが話題を呼んでいる。

このように黄土は古くから人びとに利用されているが、風積土としての黄土・レスと同一のものであるかについては採掘現場を見ていないので確かではない。韓国では風積土としての黄土・レスは、つい数年前まで研究の対象になっておらず、その存在さえ知られていなかったのである。

ソウルの北方約五〇キロメートルの京畿道漣川郡全谷里《チョンゴンリ》にある全谷里遺跡は、漢灘江《ハンタンガン》（臨津江《イムジンガン》の支流）に面した海抜六〇メートルの玄武岩台地上に立地する旧石器遺跡である。約五〇万年前に堆積した玄武岩台地上に流水堆積層を挟んで、厚さ四・五メートルほどのレスが堆積している。そのなかから石英製のハンドアックス（握槌）、クリーヴァー（握斧）、ピック（鶴嘴形石器）、石球《せっきゅう》などの石器が出土し、とくにハンドアックスの東アジアへの伝播を示す遺跡として注目を集めている。

このレス層から出土する旧石器の年代については、二〇〇二年に同志社大学の松藤和人氏、京都フィッショントラック株式会社の檀原徹氏、漢陽大学の裵基同氏などの調査によって、約三〇万年前（ステージ9）という明確な答えが得られている。それ以後も、この年代は大幅に訂正されていない

（松藤ほか、二〇〇五）。この調査によって、全谷里遺跡のレスのなかから検出された二枚の火山灰は日本から飛来したＡＴ（姶良Tn、二・六万〜二・九万年前）とＫ–Ｔｚ（鬼界葛原、九・五万年前）であることがわかっている（Danhara *et al.*, 2002）。

二〇〇三年には、これに光ルミネッセンス（ＯＳＬ）年代測定などを加えることによって、**図15**のような編年ができあがった。それによると古土壌は間氷期に、レスは氷期に堆積したものと考えられた。これを支持するように同志社大学の林田明氏が測定した帯磁率は、古土壌で高く、温暖湿潤な環境下で生成したものであり、一方、レスの帯磁率は低く、寒冷で乾燥した環境下で堆積したことを物語っていた。

一方、ソウルを流れる漢江《ハンガン》の上流域には洪川《ホンチョン》盆地が発達している。この盆地において延世大学の兪剛民氏と当時院生であった申在鳳氏とともに調査したことがある。この盆地には洪川が流れ、川沿いに四段の河成段丘が発達している。洪川河床からの各段丘の高さは、段丘Ⅰが三五メートル、段丘Ⅱが二二メートル、段丘Ⅲが一四メートル、段丘Ⅳが一〇メートルである。

各段丘の上には最大約四メートルのレス―古土壌が堆積しており、レス―古土壌は、現成土壌Ｓ０を含めてＬ１–１〜Ｓ２の七層に区分される（**図16**）。それぞれのレス―古土壌の年代は全谷里の編年と同じである。なおＬ１–１とＬ１Ｓ１との境界層にはＡＴガラスが含まれている。そして、段丘Ⅰ上にはＳ２〜Ｓ０が、段丘Ⅱ上にはＳ１〜Ｓ０が、段丘Ⅲ上にはＬ１Ｓ１〜Ｓ０が、段丘Ⅳ上にはＳ

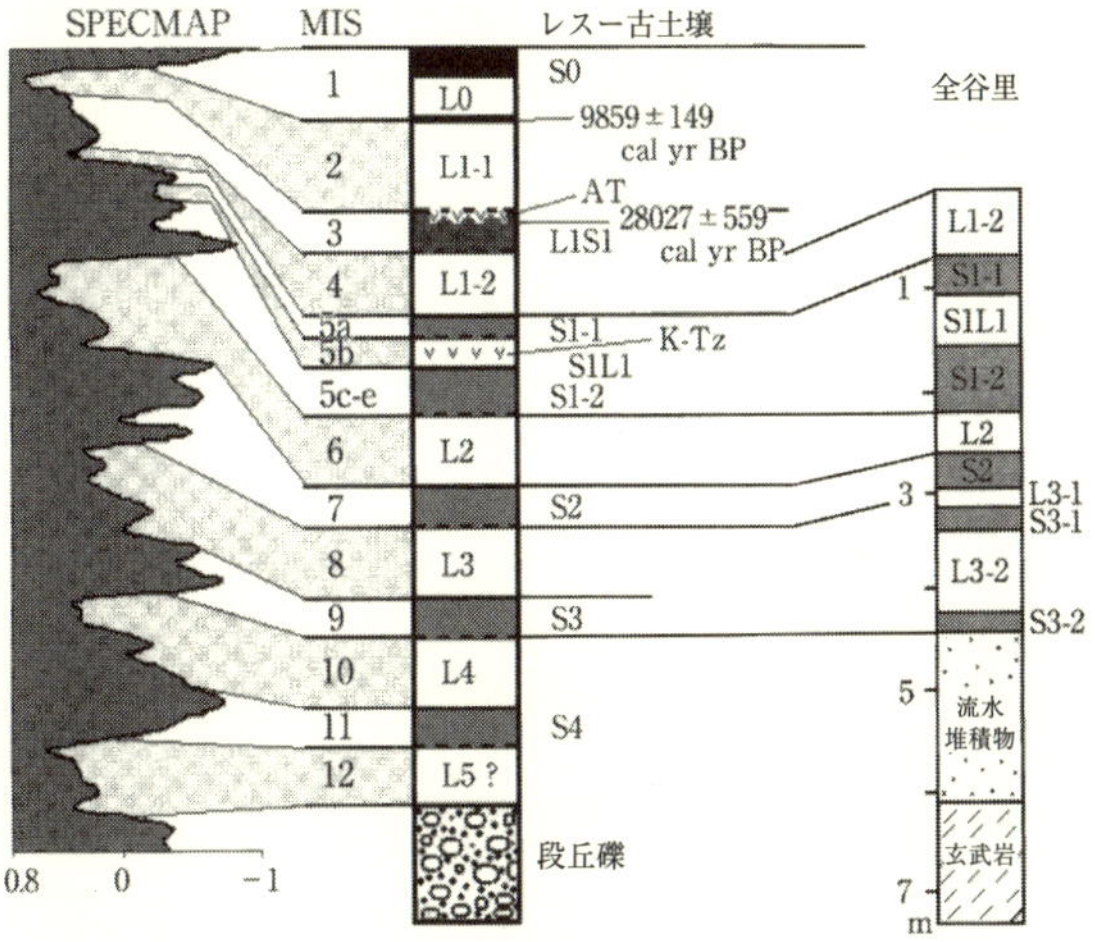

図15　全谷里レスの編年（cal yr BP：暦年代）

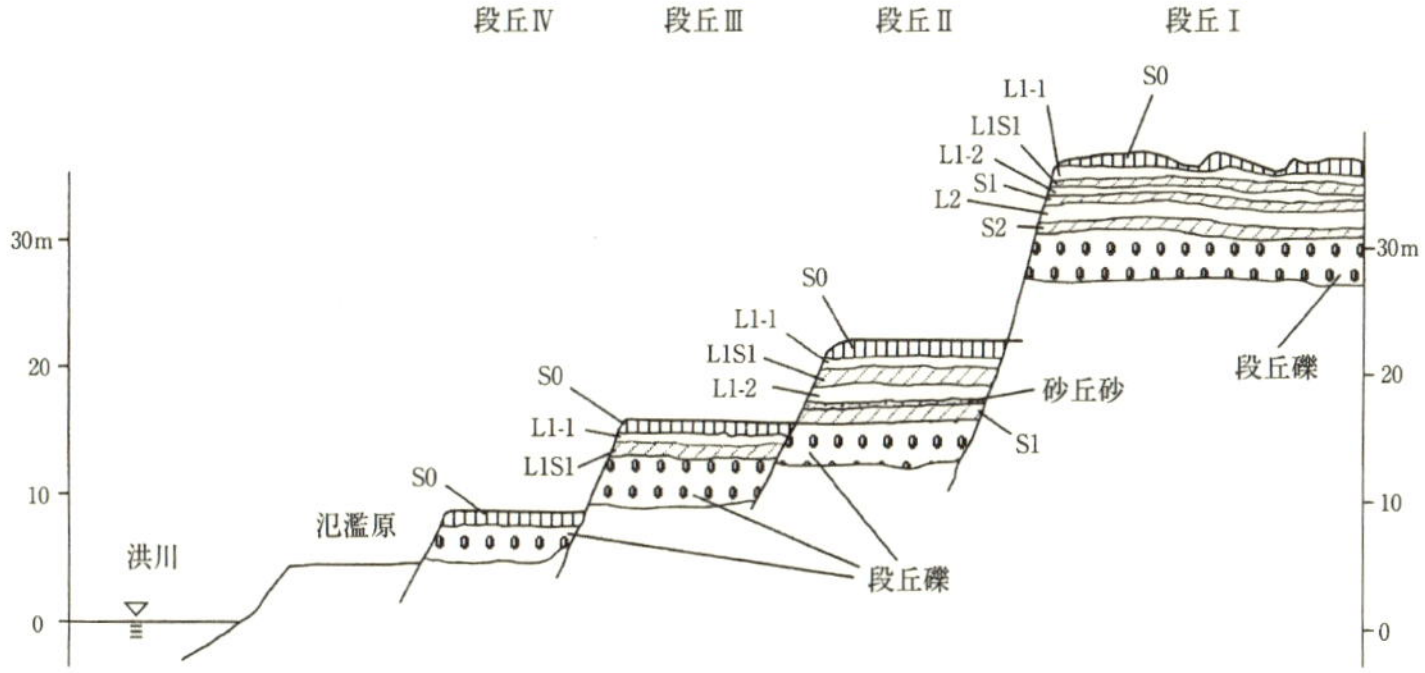

図16　韓国洪川盆地の河成段丘上のレス─古土壌（Shin *et al*., 2005）

0がそれぞれ堆積している（Shin *et al.*, 2005）。

このように洪川盆地では、レスと古土壌の関係から、段丘Ⅰはステージ7に、段丘Ⅱはステージ5に、段丘Ⅲはステージ3に、段丘Ⅳは完新世にそれぞれ形成されたこと、さらに各段丘礫層は氷期の後半に堆積し、間氷期前半に離水したことも判明した。

洪川盆地におけるレス―古土壌編年が地形面の対比に有用であることがわかったので、日本の火山灰編年のように、韓国ではレス―古土壌編年が広域的な地形面対比に利用される日がくるのはそう遠くないと思われる。

なお、古土壌のうち、ステージ5の古土壌は赤みが強く、しかも厚い。ステージ3の古土壌は褐色で、上部にATが含まれている。そのほか、ステージ11の古土壌は白い斑紋が発達した非常に赤い古土壌である。今後、この三枚の古土壌がレスの年代を判別する鍵層になると思われる（成瀬ほか、二〇〇六）。

タクラマカンやゴビなどの沙漠や、氷期に乾陸化した黄海に近い韓国では、現在でも黄砂が頻繁に運ばれてくるが、とくに氷期にその量が多かった。中国では約七八万年前から急速に黄土堆積域が拡大しはじめているので、韓国でもこの時期からの黄土が発見される可能性が高い。今後、韓国各地でレス研究が進展し、より古い時期のレスが発見されるだけでなく、レス層の間から発掘される旧石器遺跡の時期をレス―古土壌編年によって解明する研究が進展することを期待したい。

第7章　日本各地のレス

日本海沿岸のレス

日本では一九八〇年代に風成塵やレスの研究が本格的に進展するようになった。レスは、日本海沿岸に発達する古砂丘のなかや、火山の近くでは火山灰の間に挟まれた状態で見つかることが多いほか、更新世台地・石灰岩台地・玄武岩台地などの平坦な台地上に堆積していることが各地で指摘されるようになった。こうしたレスは、堆積状態によって三つに分類される。

まず、古砂丘や火山灰などの下に埋もれているか、あるいは間に挟まれているレスは、堆積当時の性質を保存しているので、これをたんにレスと呼ぶ。そしてレスのなかに火山灰が多く含まれている場合には火山灰質レスと呼ぶ。一方、更新世台地・石灰岩台地・玄武岩台地などの上に堆積しているレスについては、長い間、地表にあって風化作用を受けてきたので、これをレス質土壌と呼ぶ。なお、レス質土壌の場合には、南西諸島の赤黄色土や東松浦半島のおんじゃくなどのように、土壌名をそのまま使っている。

北九州の遠賀川河口には、海岸砂丘が発達している。この砂丘は、最終間氷期と最終氷期にできた古砂丘と、完新世にできた新砂丘からできている。さらに新砂丘は、日本大学の遠藤邦彦（一九六九）によってクロスナと呼ばれる黒い色をした古土壌を境に、旧砂丘とそれ以後の新砂丘にわけられている。

古砂丘の間には何層もの褐色シルト層が埋没している。このシルト層の正体をつきとめるために、一九七〇年代前半に日本海沿岸各地で調査を行なったことがある。当時、このシルト層は火山灰が風化したものという考えが一般的であったが、私にはどうしても火山灰の風化物には見えなかった。もし火山灰であるならば、いくら風化が進んだとしても、なんらかの痕跡は残っているはずだが、見つけることができなかったのである。このほか、シルト層が褐色というよりも赤褐色に近かったので、これを亜熱帯風化の産物とする考えもあったが、この地層はどう考えても寒冷な最終氷期のものであった。

当時、私は広島に住んでいたので、朝四時に広島に停車するブルートレインに乗って小倉まで行き、折尾からバスに乗り換えて芦屋競艇場近くの現地に通ったものである。

その後、博多まで新幹線が開通したので日帰りが可能になり、日曜日に北九州に通う回数が増えるようになった。建築材に使う砂の採取がさかんに進められ、訪れるたびに新しい地層断面ができてい

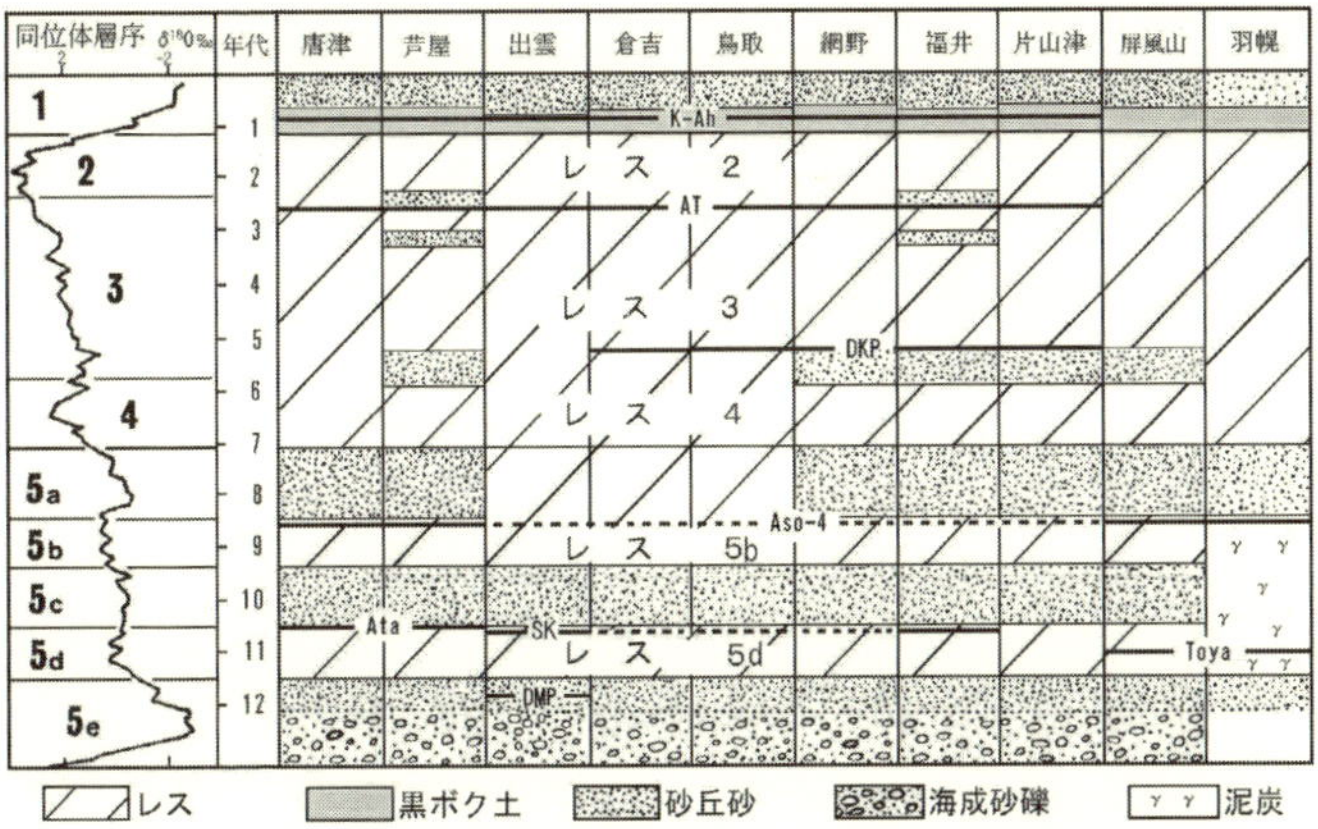

図17　北九州～北海道の日本海沿岸のレス編年（成瀬、2006）

るので、途中で調査を打ち切るわけにいかなかったからである。おかげで何度も現地調査を重ねるうちに、しだいにシルト層の全貌がはっきりするようになった。そして、これはレスにちがいないと確信するようになった。

この古砂丘の下には海水準が高かったステージ５ｅの海成砂礫層と、その上に砂丘砂層が堆積しており、この砂層上に六層の砂丘砂と六層のレスとが交互に堆積している。そしてレスの間には約一〇万年前に鹿児島湾から噴出したＡｔａ（阿多）火山灰と、約八万年前に阿蘇の大カルデラが形成されたときに流れてきたＡｓｏ－４火砕流が見つかった。

その後、北九州で明らかになった編年をもとにして、山陰の出雲海岸から北海道羽幌海岸までの日本海沿岸に発達する砂丘地の調査を進めるようになった。その結果、各地の砂丘地にも北九州と同じような褐色のシルト層が何枚も埋没していることがわかってきた。それらをまとめたものが**図17**である。

各地の砂丘地には、レスと砂丘砂の互層中にK－Ah（鬼界アカホヤ）とAT（姶良丹沢）の両火山灰が認められたほか、唐津ではAso－4（阿蘇4）とAta（阿多）が見つかった。出雲海岸ではDMP（大山松江）とSK（三瓶木次）が、倉吉と鳥取ではDKP（大山倉吉）が、福井ではDKPとSKが見つかった。さらに青森県の屏風山と羽幌ではAso－4とToya（洞爺）が挟まっていることが判明した。これらの火山灰はいずれも町田洋氏と新井房夫氏に同定していただいた。

こうして日本海沿岸の砂丘地で調べた火山灰やレス・古砂丘砂の重なりぐあいなどを手がかりにして、各地のレスと古砂丘砂を対比・編年することができるようになった。これによると砂丘砂は、温暖で海水準が相対的に高い時期に当時の汀線から運ばれた砂が堆積したものであること、氷期になると汀線が遠ざかったために砂が供給されなくなり、かわって大陸から運ばれたレスが堆積する、という繰り返しが明らかになった。

そして、最終氷期中のレスはATよりも上のレス2、ATとDKP間のレス3、DKPよりも下のレス4に区分され、砂丘の砂がその間に挟まっている。このレス2～4は、ステージ2～4の各ステージに対応していることも判明した。

最終間氷期のレス

この研究で意外だったのは、最終間氷期にあたるステージ５の二枚のレスの存在であった。最終間氷期のレスは、Ａｓｏ－４、Ａｔａ、Ｔｏｙａの三枚の火山灰によって５ｂと５ｄの二層に区分できるのである。

北九州の三苫《みとま》海岸には、この二枚のレスがそろって観察できる良い露頭がある。この海岸の露頭で下山正一ほか（一九八九）が、二層のレスのうち、レス５ｄの上にＡｔａが、レス５ｂの上にＡｓｏ－４がそれぞれ堆積していることを明らかにしている。

ステージ５は温暖な時期であるが、５ｂや５ｄといった時期はやや寒冷な時期であるとされる。しかし、氷期でもない時期に、やや寒冷な気候下ではたして大陸から運ばれてきた風成塵が堆積してレスを形成することがあるだろうか。

たしかに、黄土《ホワントウ》高原では５ｅ、５ｃ、５ａといった温暖な時期に古土壌が生成され、５ｂと５ｄに黄土が堆積したとする編年が報告されているが、日本列島でも同じような環境が存在したのであろうか。疑問ばかりが先行して、これを解決できず、論文にまとめることができなかった。

これを解決してくれたのが、二〇〇二年から始まった韓国レス調査であった。松藤和人氏、裵基同氏を中心とする全谷里《チョンゴンリ》遺跡調査と木浦大学の李宗憲氏を中心とする長洞里《ジャンドンリ》遺跡調査であった。

前述のように、ソウルの北にある全谷里には、漢陽大学の考古学教室が掘削した断面に、みごとなレス—古土壌の互層が露出していた。この断面の中ほど、ステージ５ａと５ｃの両古土壌の間にステージ5bのレスが顔をのぞかせていたのである。どうしてステージ5bのレスであることがわかったかというと、じつは前年に檀原徹氏によって、このレス5b層のなかからK－Tz（九・五万年前）が検出されたからである。

一方、韓国南西端の木浦市に近い長洞里遺跡において標高一一メートルのレス台地上にみごとなピットが木浦大学によって掘削され、そこに何層ものレス―古土壌の互層が露出していた。そのなかにステージ5a、5c、5eの三枚の古土壌と、その間にステージ5bと5dの二枚のレスが検出できたのである。ここでも檀原氏によって5b層から同じようにK－Tzが検出され、さらにその下位のレス5eのOSL年代がステージ5eの年代にみごとに一致したのである。

木浦市と北九州の三苫海岸は対馬海峡を挟んで三七〇キロメートルしか離れていない。東京―大阪間の距離に近い。この東シナ海や黄海に臨む、あるいはこれに近い地域の地層断面に表われた二枚のレス層は、比較的温暖と思われている5bや5dという時期に、レスが堆積するような環境が出現したことを確実にしてくれたのである。

この二つの時期の気候が、レスが堆積するようなきわめて寒冷な時期であったのか、あるいは気温はそれほど低下しなかったにもかかわらず、風成塵が多量に運ばれるような風の強い環境であったのかについては、まだわかっていない。

南西諸島の赤黄色土

南西諸島には第四紀の琉球石灰岩が広く分布している。この琉球石灰岩というのは、さんご礁が隆起したもので、現在は石灰岩台地を形成している。この石灰岩には、雨に溶けて海に流れ出すカルシウム分と、溶けずに残る塩酸不溶解物質（不純物）が含まれている。このうち、不純物が残積して、石灰岩地域特有の赤黄色土である島尻マージの母材になったという考えがあり、こうしてできた土壌を残積土と呼んでいる。

もし、残積した不純物が島尻マージの母材になったとした場合、石灰岩に含まれる不純物の量が少ないために、厚さ五〇センチメートルの土壌ができるのに厚さ一〇〇メートル近い石灰岩が溶ける必要がある。しかし、そのような多量の石灰岩が溶けた証拠が見つからないのである。この点が、長い間、謎とされてきた。

私は一九八〇年に与那国島を訪れたことがある。島の南部にある比川《ひかわ》で、石灰岩の上に黄色のシルト層が堆積していることに気がついた。最初、この黄色シルト層が火山灰ではないかと思った。それは、本州に分布する軽石層のなかにまったく同じような黄色味を呈しているものがあり、見かけがそっくりだったからである。さっそく、この土壌試料を研究室に持ち帰り、顕微鏡でのぞいてみると火山灰特有の鉱物はまったく含まれていなかった。ほとんどが微細な石英からできていたのである。

もしこの黄色土が風積土のレスであれば、与那国島だけでなく、南西諸島全域にレスが分布しているはずである。そこで、このことを確かめるために石垣島、西表島、宮古島、沖縄本島に出かけ、同じような黄色シルト層が分布していないか調べることにした。その結果、どの島にも同じように赤色土の上に黄色土が堆積していることが確認できた。

しかもそれだけではなかった。沖縄本島の国頭《くにがみ》地域では、国頭段丘上に国頭マージと呼ばれる赤色土と黄色土が交互に重なり、あたかも黄土高原において黄土と古土壌が交互に堆積しているのによく似た露頭が数カ所で見つかったのである。

さらに沖縄本島では、土壌の最上部に堆積する黄色土中にアカホヤ火山ガラスとAT火山ガラスが含まれていることも判明した。つまり黄色土は最終氷期最盛期に堆積したもので、その下のやや赤みを帯びた古土壌はステージ3に生成したものであることがわかってきた。

そこで、この下位に堆積する赤色土は間氷期に、黄色土は氷期に堆積したものではないかと考えるようになった。こうした結果を一九九〇年に、『熱い自然——サンゴ礁の環境誌』のなかで紹介したことがある。しかし、黄砂・風成塵が飛来して赤黄色土の母材になったとしても、亜熱帯気候に属する南西諸島において、黄土高原と同じようなレス—古土壌層序が存在するのだろうか。疑問のまま、時間だけが過ぎていった。

じつは、この研究の二〇年近く前に、ハワイ諸島の土壌に含まれる微細石英（一～一〇ミクロン）の酸素同位体比を測定し、風成塵かどうかを判定する研究がレックスほか（一九六九）によって試みられている。

これによると、ハワイの土壌に含まれる微細石英の酸素同位体比$\delta^{18}O$は平均一七・六パーミル（‰）であった。この値が中国黄土の値（約一六～一七‰）にきわめて近かったので、この微細石英がアジア大陸から風によって太平洋をはるばる運ばれた風成塵と考えられるようになった。同じように、北緯三〇度線を軸として、日本列島から北米大陸にかけて細長く分布する石英やイライトの多い深海底堆積物中の微細石英も、風成塵起源と考えられるようになった。

もし、彼らの研究成果が正しいのであれば、北緯二四～三一度にある南西諸島の土壌や周辺海域の海底堆積物にも同じように、風で運ばれた微細石英が含まれているはずである。そこで、さっそく宮古島、西表島、与那国島、沖縄本島に分布する赤黄色土を採取しに出かけ、赤黄色土に含まれる微細石英について酸素同位体比を測定した。

その結果、四島の赤黄色土に含まれる微細石英の$\delta^{18}O$は一五・三～一六・四‰であり、それは中国黄土の酸素同位体比にほぼ一致したのである。この測定結果は、やはり南西諸島の島々にアジア大陸から偏西風によって運ばれた風成塵が堆積していること、風成塵が乾燥した最終氷期にとくに多く運ばれたことを物語っていた。

その後、全島にわたって島尻マージと国頭マージに含まれる微細石英のＥＳＲ（電子スピン共鳴）による酸素空孔量を測定したところ、すべて同じ結果を得たのである。つまり、本島全域にわたって風成塵が堆積して黄色土や赤色土の母材になったことがより確かになったのである。

さらに二〇〇五年には中国の長江中流域で調査をする機会に恵まれた。南京の南東部一帯には下《シャー》蜀《シュー》黄土と呼ばれる風化が進んだ細粒な黄土が分布している。この風化の進んだ黄土は沖縄の赤黄色土と見かけがよく似ており、緯度的にもそんなに差はない。この調査はさらに林田明氏によって研究が継続されているので、詳細な結果が楽しみなところである。

風成塵が多く堆積した時期

一九九一年に、アンほかによって黄土高原洛川《ルーチョン》におけるステージ5以降の風成塵フラックス（一定時間内の堆積量、gcm^{-2}年）の変動に関する論文が発表された。それによると最終氷期のステージ2や4にフラックスが増加し、温暖なステージ5や1に減少するという、気候の寒冷度に応じて風成塵フラックスが変化するという内容であった。さらに同年、プティほかが発表した南極ボストークコアの論文に、最終間氷期以降の詳細なフラックス変動が記載されたのである。

これらの論文では、風成塵フラックス変動と気候変動の関係がみごとにとらえられており、寒冷な時期に風成塵が多く堆積し、相対的に温暖な時期に減少するとされている。もし、気候変動に対応して風成塵フラックスが変化するのであれば、日本の海岸砂丘に埋没しているレスにも同じような記録が残されているのではないかと考え、北九州から北海道までの八地域で試料採取を行なった。

採取方法は、一〇〇ccのステンレス管を一〇センチメートル間隔でレス層に打ちこみ、試料を採取するものである。試料は一〇五℃で乾燥させて乾燥容積重を求めた。これに二〇ミクロン以下の重量%を乗じて、それを堆積量とした。二〇ミクロン以下としたのは、日本列島に運ばれてくる風成塵がこの大きさ以下だと考えたからである。

堆積量gcm^{-3}＝厚さ1cm×単位面積$1cm^2$×乾燥容積重gcm^{-3}×20ミクロン以下重量%

こうして求めた結果、八地域の平均値は、最終間氷期のステージ5d＝〇・五八グラム、ステージ5b＝〇・五四グラムであった。これに対して、最終氷期のステージ4＝〇・八七グラム、ステージ3＝〇・八〇グラム、ステージ2＝〇・九八グラムであった。さらに完新世のステージ1のクロスナにも風成塵が含まれており、その量は〇・四グラムであった。つまり、風成塵の堆積量はステージ2がもっとも多く、ついでステージ4、3、5、そしてステージ1の順であった。

アンほか（一九九一）によれば、黄土高原の洛川で風成塵フラックスが増加する時期は、**図18**に示したレス4に対比されるステージ4とレス2に対比されるステージ2の両時期である。したがって風成塵が増加したのは、日本列島も中国大陸とほぼ同じ時期と考えてよい。そして日本列島におけるステージ2の各地の風成塵堆積量は、ステージ1の二・〇〜四・七倍であった。つまり、最終氷期における風成塵飛来量が完新世よりもはるかに多いことを示したのである。

最終氷期の東アジアは、安田喜憲（一九八七）によると寒冷で乾燥した気候が卓越した時期であっ

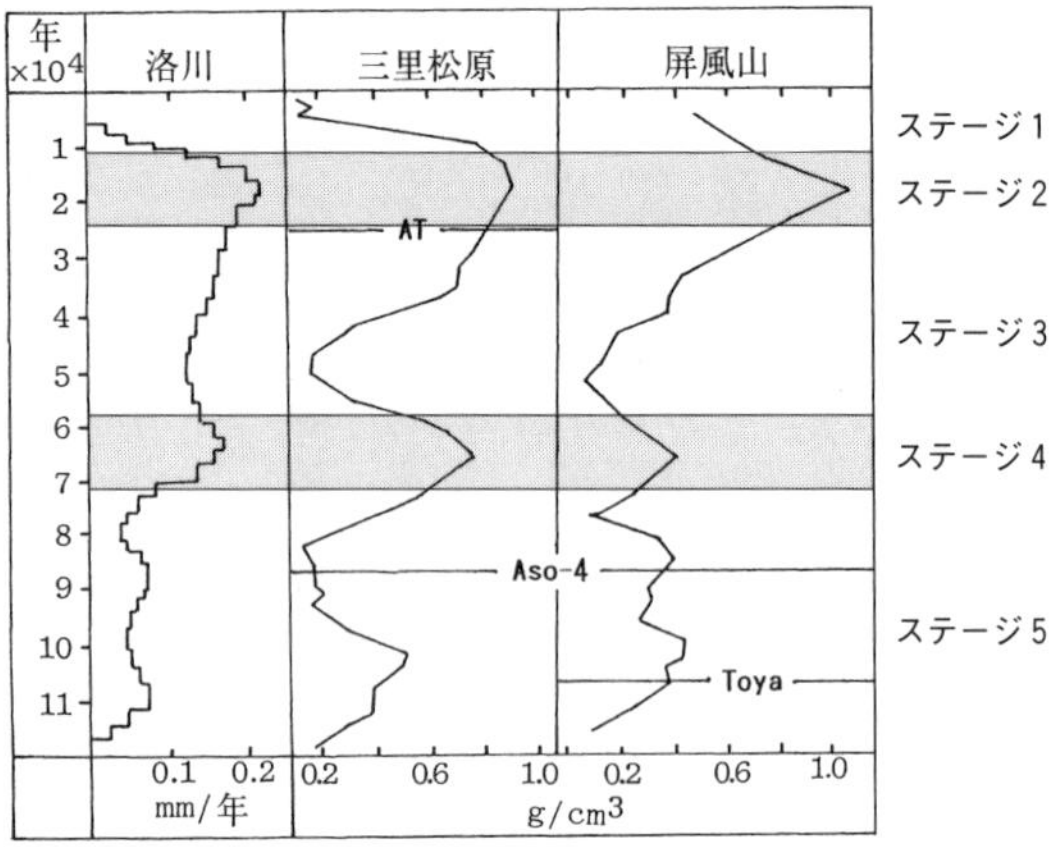

図18　黄土高原洛川、福岡県三里松原、青森県屏風山の風成塵堆積量（成瀬・小野、1997）

た。とくに、ステージ4と2の両時期には南西モンスーンが弱体化してアラビア海の深海底コアに含まれる湿潤熱帯植生の花粉が一〇%以下まで減少し、なかでも一・八万年前は最低の出現率であったという。そして日本列島ではステージ2と4の両時期にスギ属の花粉が減少し、乾燥化したようである。このような乾燥・寒冷な環境下において、東アジアでは風成塵の輸送が増加し、レスが堆積したのであろう。

　こうしたステージ2と4の両時期は、小野有五（一九八八）によれば東アジアにおいて氷河が発達した時期であったという。天山《ティエンシャン》山脈や崑崙《クンルン》山脈などに発達した氷河からタクラマカン沙漠やゴビ沙漠にレス物質が大量に供給され、沙漠から舞い上がった風成塵が黄土高原や日本列島に大量に飛来したと考えられる。

さて、アンほかの論文では風成塵フラックスがステージ２と４で同じか、むしろ４において多いことを報告している。しかしアンダーソンとハレット（一九九六）は、洛川においてステージ２の堆積量（ミリメートル／年）がステージ４よりも約一・三倍多かったとしている。両者の違いがどのような理由によるものかわからないが、日本の場合は前述のようにアンダーソンとハレットの結果に近いのである。

ところが**図18**のように、福岡県三里松原と青森県屏風山砂丘を例にとると、ステージ４と２では両地域の間で量的な違いが見られる。三里松原ではステージ２のほうが４よりも約一・三倍多いのに対して、屏風山の場合には二・五倍ほど多い。なぜだろうか。

それは、アジア大陸の中緯度沙漠を風成塵の給源とする北九州と、最終氷期にアジア大陸の北方に広がった沙漠を給源とする北日本の風成塵の違いを反映しているのではないだろうか。そして北九州の場合は、氷期に陸化した東シナ海や黄海の大陸棚面積がステージ２のほうが４よりも拡大したことも考慮する必要があろう。

第8章　気候変動とレス・風成塵

南極やグリーンランドの氷に閉じこめられた風成塵

風成塵は、給源から風で運ばれてレス・黄土を形成するほか、成層圏近くまで舞い上がったものは最終的に極地に運ばれ、雪の氷晶核となって氷の上に降り積もる。その上に新たな雪が積もると、風成塵は雪に埋もれる。これが毎年のように繰り返されると、風成塵が閉じこめられた氷が層状に積み重なって氷床が形成される。

南極やグリーンランドには厚さ数千メートルの氷が堆積している。この氷は南極では約三九〇万年前から、グリーンランドなど北半球では二八〇万年前から堆積しはじめている。したがって、風成塵もこの間、ずっと氷のなかに保存されているはずである。

この考えを証明するかのように、南極のボストークコアやグリーンランドのダイスリー（DYE3）コアは、氷のなかに無機物が含まれていることが判明している。無機物は大気中を運ばれた火山灰や風成塵であり、風成塵が多く含まれる層は寒冷な時期に対比され、少ない層は温暖な時期に対比されることが明らかにされている。さらに、ボストークコアに含まれる風成塵の量比から過去七〇万年間の気候変動がみごとに復元されたのである。

この場合、年層という氷の年輪にあたるものを測定して年代を決定する。それにはいくつか方法があり、たとえば、氷に色インクを吹きかけてランプであぶり、堆積構造を浮き彫りにする方法がある。夏は積雪が少なくなるのでインクが浸透しやすいからである。この方法はコアの表層部分で使われている。このほか、水素・酸素同位体比が夏に大きく冬に小さいので、これらの同位体比の違いで年を数えることができる。

図19に示したように、グリーンランド南部の標高二四八〇メートル地点で掘削された深さ二〇三七メートルのダイスリーコアには、新ドリアス期という一・二万年前の一時的な寒冷期が記録されている。新ドリアス期とは北米のローレンシア氷床が急速に解け、融氷水が一時的に内陸部に湛水し、それが一・二万年前に一気に大西洋に流出して海水を冷却したために、約一〇〇〇年間にわたって寒冷化した時期のことをいう。この新ドリアス期に風成塵が急増したことが氷のなかに記録されている。

地球が寒冷化すると氷河や沙漠が拡大し、海水準が低下して陸化する大陸棚の面積も拡大する。さらに風が強まるために風成塵が増加する。すなわち、寒冷化の度合いが大きくなればなるほど風成塵量も増加することがこうした氷床コアの研究からわかったのである。さらに風成塵の増加は、地表面

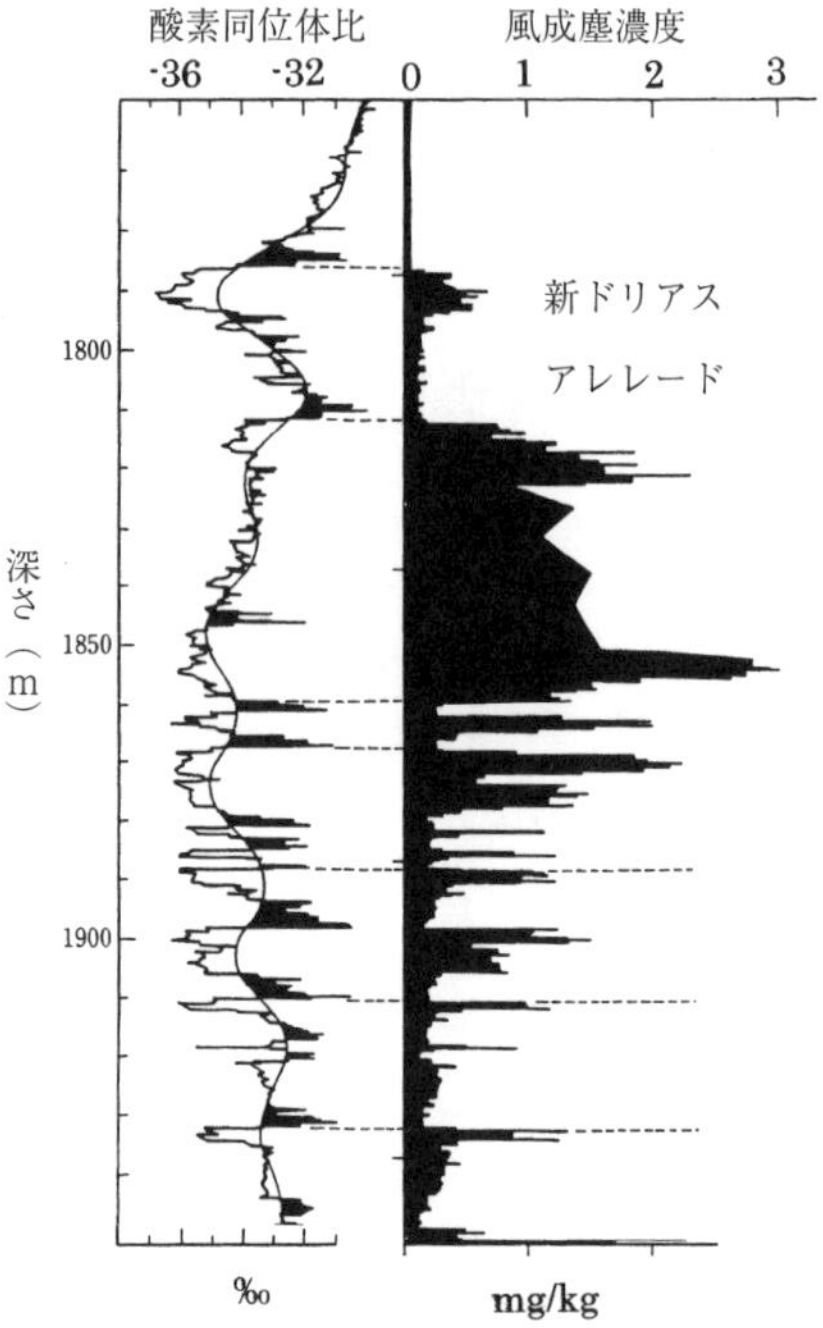

図19　ダイスリーコアの風成塵濃度（Hammer *et al.*, 1985）

に届く日射量を減少させて、寒冷化を加速させるといわれている。逆に、温暖期には氷河が縮小し、植生におおわれる面積が拡大し、風も弱くなるので風成塵の供給量が減少する。

電子スピン共鳴（ESR）分析法による黄砂・風成塵の給源解明

一九八〇年代には、日本列島に分布するレスがタクラマカンやゴビ沙漠、黄土《ホワントウ》高原などから運ばれたものとばかり思いこんでいたので、採取試料の分析結果を中国黄土と比較することで満足していた。しかし、西日本におけるレス研究が一段落し、北陸、東北、北海道へと調査地を拡大するにつれて、これまでの考えを修正する必要性を感ずるようになった。

もし、日本列島のレスが中国内陸沙漠や黄土高原から運ばれてきた黄砂からなるとするならば、北に向かうにつれて、つまり給源地から離れるにつれてレスの厚さが減るだろうと考えていたのである。しかしこの予想に反して、北陸から北に向かっても、いっこうにレスの厚さが変わらない。北海道教育大学の鴈沢好博ほか（一九九四）が行なっている北海道と東北各地の台地上に堆積するレスの研究結果を見ても、同じようであった。

このため、日本列島に運ばれてきた黄砂・風成塵の給源として、アジア大陸の中緯度地域だけでなく、別の地域を想定しないと説明がつかないようになった。しかし、それを証明するのは、当時、私が行なっていた方法では無理だった。

当時は、アメリカの研究者が開発した微細石英（一～一〇ミクロン）の酸素同位体比分析法が決め手のひとつであった。この方法は、酸素同位体比の違いによって現地性石英と外来石英を見わけるもので、これによると、日本列島の現地性石英は五～一〇‰、アジア大陸の石英は一五～一七‰がめやすとなっていた。しかし、アジア大陸のどこから運ばれてきたのかを明らかにすることは不可能だった。

そのような状況のなかで、国際日本文化研究センターの安田喜憲氏が中心となって進められたＣＯ

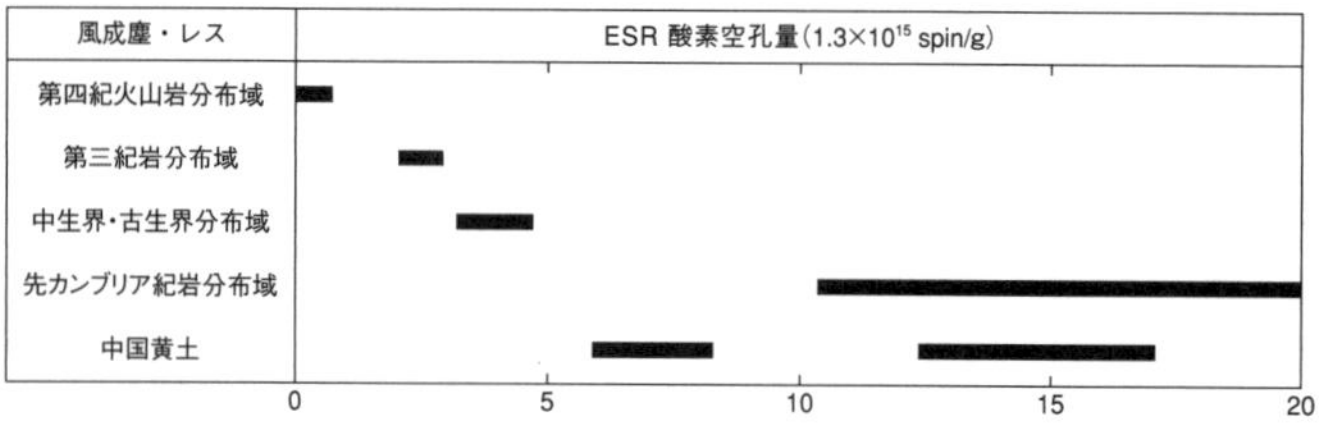

図20　地質年代、堆積地の違いによる微細石英（20ミクロン以下）の酸素空孔量（Toyoda & Naruse, 2002）

Ｅプロジェクト「文明と環境」が一九九一年から五年間にわたってスタートした。私も研究グループに加えていただき、風成塵研究を新たな側面から進める機会に恵まれた。当時の私の研究費は、図書と消耗品を購入するとなくなってしまうほどわずかだったので、このプロジェクトによる研究費は新たな分析法を開発するうえで大変ありがたかった。

メンバーのなかに大阪大学の池谷元伺氏がおられた。池谷氏は電子スピン共鳴（ＥＳＲ）分析法が専門である。氏が進めていた研究テーマのひとつに、砂の産地をＥＳＲ分析法で調べるというものがあった。私はその話を聞いて、風成塵の給源を解明する新しい方法はこれ以外にないと思った。さっそく池谷氏に相談したところ快諾していただき、風成塵の新しい研究法にＥＳＲ分析を取り入れることができるようになった。

分析は、大阪大学の河野日出夫氏、岡下松生氏、豊田新氏、服部渉氏などが担当された。当初は、石英に含まれるゲルマニウムやアルミナなどの微量元素量の違いによって風成塵の給源地をつきとめようとしたがうまくいかず、そのうち石英の酸素空孔量に着目したほうが良いことがわかってきた。豊田新氏はその後、岡山理科大学に移られ、現在もなお共同で研究を進めている。

このような経緯で、各地のレスに含まれる石英を測定した結果が**図20**である。この図を見ると、古い岩石の石英ほど酸素空孔量が大きく、新しい時代の石英ほど小さいことがわかる。

最終氷期の古風系を復元する

この方法を採用して、各地に分布する最終氷期最盛期ステージ２に堆積したレスに含まれる微細石英（二〇ミクロン以下）を測定したところ、瀬戸内海～北海道から採取したレスは空孔量が一〇以上であり、シベリア、中国東北部、韓国のレスもほぼ同じ空孔量であった。その酸素空孔量は先カンブリア紀岩の石英の値に一致していた。

さらに、北川靖夫ほか（二〇〇三）が明らかにした北海道北半分に広く分布する重粘土に含まれる微細石英も同じ空孔量であった。一方、瀬戸内海～沖縄のレスは五・七～八・七でやや少なく、それは黄土高原やタクラマカン沙漠などの空孔量とほぼ同じであった。

これらの結果から、瀬戸内海～北海道のレスはシベリアやモンゴルなどの先カンブリア紀岩地域から風によって運ばれたものではないか。その風とは、シベリア高気圧から吹き出す冬季季節風や極ジエット気流ではないだろうか。そして瀬戸内海～沖縄には、現在の黄砂と同じようにタクラマカンやゴビ沙漠などから亜熱帯ジェット気流によって運ばれたのではないだろうか、という仮説が立てられるようになった（**図21**）。

この考えにしたがうと、ステージ2にはシベリア高気圧が優勢になって先カンブリア紀岩が広く分布するアジア北方大陸が極度に乾燥した。そして降雪量は現在よりも減少し、冬でも雪におおわれない沙漠が広がったと考えられる。

優勢になったシベリア高気圧から吹き出す北西季節風によって、シベリアやモンゴルといったアジア北方大陸の先カンブリア紀岩地域から運ばれた風成塵が、日本列島の瀬戸内海〜関東を結ぶ線以北に堆積したと仮定すると、北海道と北陸、それに山陰のレスの厚さが変わらない理由がうまく説明できる。すなわち北海道・北陸・山陰は風成塵の給源からほぼ同じ距離になる。

私は、ＥＳＲ分析によって推定したステージ2におけるアジア北方地域の沙漠の可能性について一九九七年に論文を発表したのであるが、その後、ディングほか（一九九九）もステージ2においてアジア北方地域に沙漠が出現したとする考えを図示している。しかもこれまで分布していないとされたシベリア一帯にもレスが分布するという論文が発表されるようになったので、この考えはまったくの見当違いでないことがわかり、一安心であった。

このほか、ステージ2において瀬戸内海から沖縄本島の地域には、現在の日本列島に飛来する黄砂と同じように、タクラマカンやゴビといった中国内陸部の沙漠や黄土高原で舞い上がった風成塵が夏

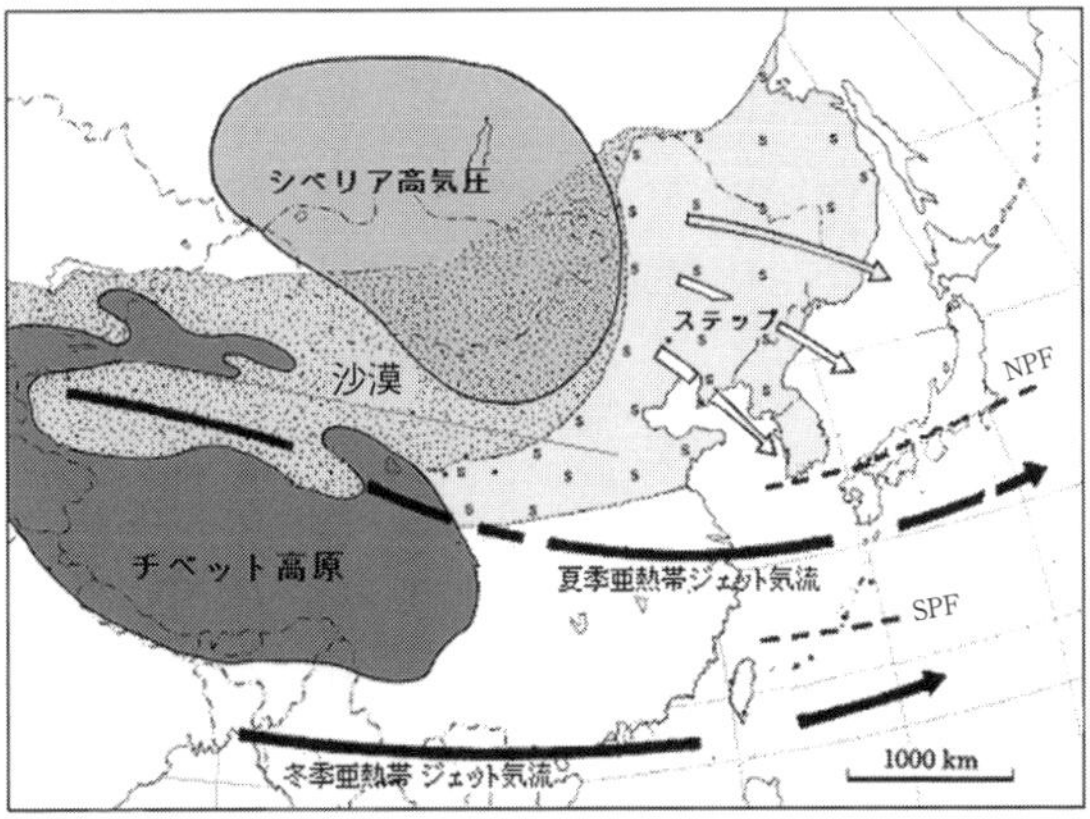

図21　MIS 2の古風系（成瀬、2006）
PF：ポーラーフロント、S：南限、N：北限

季亜熱帯ジェット気流によって運ばれたのではないかと考えている。それは、最終氷期最盛期において北のシベリア高気圧が優勢になったために、黄砂の飛来ルートが現在よりも南に押しやられたためと考えている。

そして宮古島よりも南の地域の酸素空孔量は再び多くなる。この地域の風上側にあたる中国南部に分布する黄土の酸素空孔量がこれに近い値を示すので、風成塵が中国南部から偏西風に運ばれてきた可能性がある。しかし、**図21**はあくまでも現在までのデータで描いたものであるので、今後、分析法の改良を重ね測定例を増やせば、古風系もさらにはっきりするであろう。

風成塵は風で運ばれるので、全球的なＥＳＲ測定を行ない、風成塵の給源地と運ばれたのちに堆積する地域、そして堆積の年代がわかれば、過去のジェット気流や貿易風、それに偏西風などがどのように吹いていたのかを時代別に復元することができるだろう。

喜界島のレス

奄美大島の東には、喜界島がある。全島が石灰岩からできていて、もっとも高い百の台は標高二〇三メートルもあり、太田陽子（一九九九）によって、かつてさんご礁であったものが、そののちの地殻変動によって隆起したものと考えられている。

この喜界島の西端には水天宮砂丘がある。最高点で標高六四メートル、南北三・五キロメートルのかなり大きな砂丘である。砂丘の下には、約四万年前に堆積した荒木石灰岩が堆積している。この水天宮砂丘の特徴は、すべてサンゴの砂からできていることである。このような砂丘は大西洋のバミューダ島がとくに有名である。

バミューダ島の砂丘は、膠結《こうけつ》砂丘 lithified dune と呼ばれており、すべてが石灰質砂eolianiteからできている。膠結砂丘は、サンゴ礁で生産された砂や、石灰岩が侵食されたさいに生じた破片などが風で運ばれて堆積してできたものである。とくに、氷期に向かって海水準が低下する時期に拡大した砂浜から供給されたものが多い。そののちに石灰質砂に含まれるカルシウムが雨によって溶け出して、砂層を固めたものである。

この水天宮砂丘のなかに、少なくとも四層の褐色シルト層が埋没している（図22）。一層あたりのシルト層の厚さはせいぜい二〇～四〇センチメートル程度である。このシルト層には貝化石が含まれており、名古屋大学の小澤智生氏に鑑定してもらったところ、チョウセンサザエやトコヨマイマイで

図22　喜界島水天宮砂丘のレス（成瀬撮影）（スケールは10cm間隔）

あった。さらにこの貝化石の年代を測定すると三・七万〜三・一万年前のものであり、いずれも最終氷期中のものであった。そしてシルト層の上下に堆積する石灰質砂に含まれる化石の^{14}C年代から、層厚二〇〜四〇センチメートルのシルト層が堆積した時間は数千年程度であることがわかった。

この四層のシルト層は砂丘の上をおおって堆積しているので、流水で運ばれた物質とは考えにくく、また石灰質砂が風化してできた古土壌とも考えられない。そこで、シルト層に多く含まれる微細石英（二〇ミクロン以下）の酸素空孔量を測定したところ七・六という測定値を得た。この値は沖縄本島の琉球石灰岩上に堆積する赤黄色土中の微細石英の測定値とほぼ同じであった。一方、現地性の粗粒石英の空孔量は二・二であった。したがって、微細石英は現地性のものではなく、アジア大陸起源の風成塵

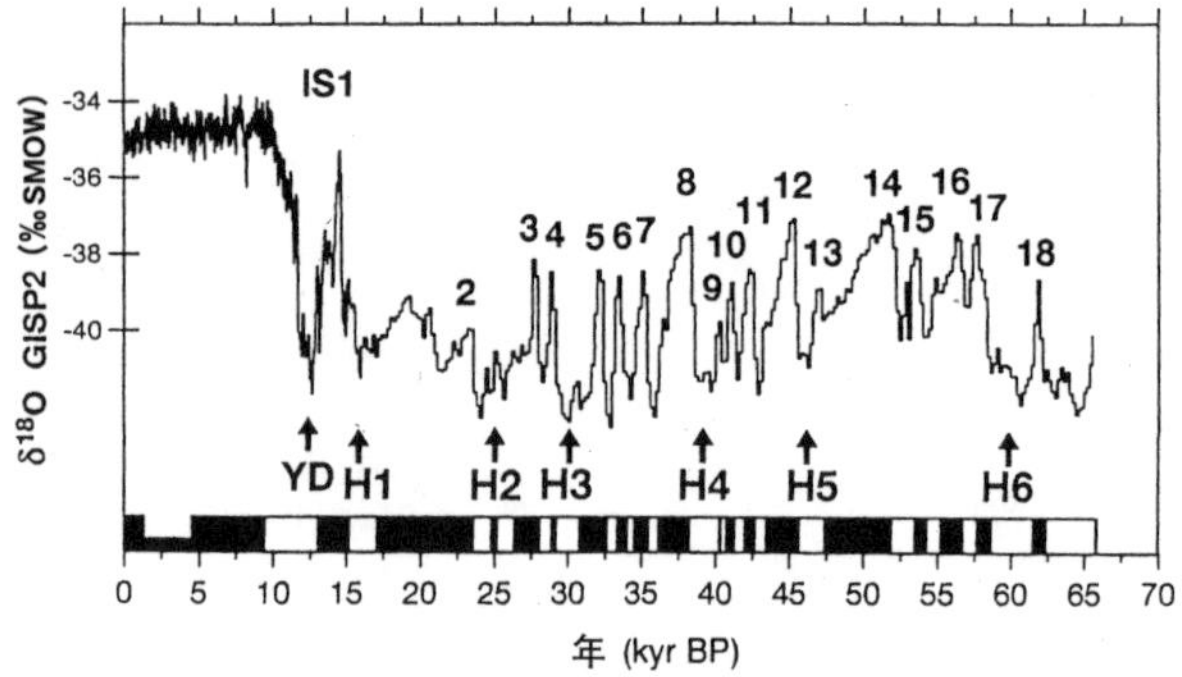

図23　GISP2の酸素同位体比変動とハインリヒイベント（Schulz *et al*., 1998）
YD：新ドリアス、H：ハインリヒイベント、Is1〜18：インタースタディアル（亜間氷期）、kyr BP：1000年前、SMOW：標準平均海水

であり、この褐色シルト層がレスであると判断した。しかし、なぜ喜界島のレスが何層にもわかれ、石灰質砂の間に埋没しているのか、まったく理解できなかった。

その後、日本各地をはじめ、中国やトルコの調査で忙しくなったため、喜界島のレスについてはほとんど忘れてしまっていた。そんななか、一九九三年に大西洋海底コアを分析したボンドほかの論文がネイチャー誌に発表された。この論文のなかで、彼らは過去六万年の間に、短期間ではあるがきわめて寒冷な時期が六回ほど存在したことを明らかにし、これをハインリヒイベントＨ１〜Ｈ６と呼んだのである（**図23**）。

この論文に眼を通し、各ハインリヒイベントの年代値を見て驚いた。喜界島レスの年代とそっくりだったからである。そこで、すぐに喜界島レスの^{14}C年代値を暦年代に補正してみると、四枚のレスのうち、三・一万年前のレスはＨ３に、三・七万年前のレスはＨ４にぴったりと一致するではないか。すなわち、ハインリヒイベントのようなきわめて短く急激な寒冷期に厚さ二〇～四〇センチメートルのレスが堆積し、それが終わると再び砂の間に埋もれてしまうような出来事が何度も繰り返されたことを、水天宮のレス層は記録しているのではないだろうか。

ハインリヒイベントのように、短期間ではあるが急激な寒冷化に対応して風成塵が運ばれ、堆積することは珍しいことではない。一九八五年に発表されたグリーンランドのダイスリーコアでは、新ドリアス期の寒冷化で風成塵が急増したことがすでに明らかにされているのである。

その後、ＧＲＩＰとかＧＩＳＰ２などのグリーンランド氷床コアや北大西洋海底コアの論文、南極ボストークコアの論文などが次々に発表された。そして高精度・高分解能による気候変動の研究によって、これまでの常識をくつがえすような発見が相次いだ。氷床コアに含まれる風成塵についてもまた同様であった。一九九〇年代は第四紀学にとって激動の年代であった。

ロームの正体

日本列島には火山が多く分布している。そのため火山灰も数多く堆積しており、火山灰と火山灰の間には、関東ロームに代表されるようなシルト質で褐色をしたローム層が挟まれている。

このローム層は火山灰が風化したものや、火山灰のうちで細粒なものが風で舞い上げられて再堆積したものが層をなしている場合が多い。関東ロームなどはその良い例である。しかし、なかには火山灰ではないもの、たとえば風成塵が積層してローム層を構成している場合がある。ロームが火山灰の風化物、あるいは火山灰の再堆積物であれば手にとると軽く感じるが、風成塵が多く含まれている場合には重量感がある。

風成塵からなるローム層の例として、大山火山の東斜面にあたる鳥取県倉吉市桜の露頭に表われたロームを紹介しよう。

鳥取県大山の東麓にある標高一八〇メートルの倉吉市桜には、大山火山などから噴出した一八枚の火山灰やシルトサイズ（二～二〇ミクロン）のローム層が互層をなしている（**図24**）。岡田昭明（一九九八）や木村純一ほか（一九九九）は、各火山灰の年代を明らかにしている。それによれば、露頭の最下部には溝口凝灰角礫岩と約三三万年前に噴出したcpmが堆積し、その上に一七枚の火山灰が堆積しているという。

各火山灰層の間には茶褐色から赤褐色をしたロームが一〇層ほど挟まれる。このローム層は火山灰の年代から推定すると、主に氷期に堆積したものである。そしてローム層が茶褐色から赤褐色に風化したのは温暖な間氷期であるステージ9、7、5や亜間氷期のステージ3である。とくにステージ5eに対比されるhmp2とNwF（名和火砕流）との間のローム層は5YR4／8～10R4／8でもっとも赤く、ロームが最終間氷期に赤色風化を受けたことがわかる。

このローム物質を分析した矢田浩太郎氏によると、ロームのうち二〇ミクロン以上（砂）の粗粒な物は火山灰物質であり、風や流水によって近隣からもたらされたものである。一方、五〜八ミクロン（シルト）物質は、その多くがアジア大陸から運ばれた風成塵からなる。もちろん火山灰も混入しているので、このような風成層を火山灰質レスと呼んでいる。そして二ミクロン以下（粘土）の物質は、約七〇％が火山灰起源のカオリンと非晶質物質からなる。つまり、粘土分のほとんどは火山灰の再堆積物だという。

次にそれぞれの大きさの鉱物がどこから運ばれてきたかを明らかにするために、ロームに含まれる

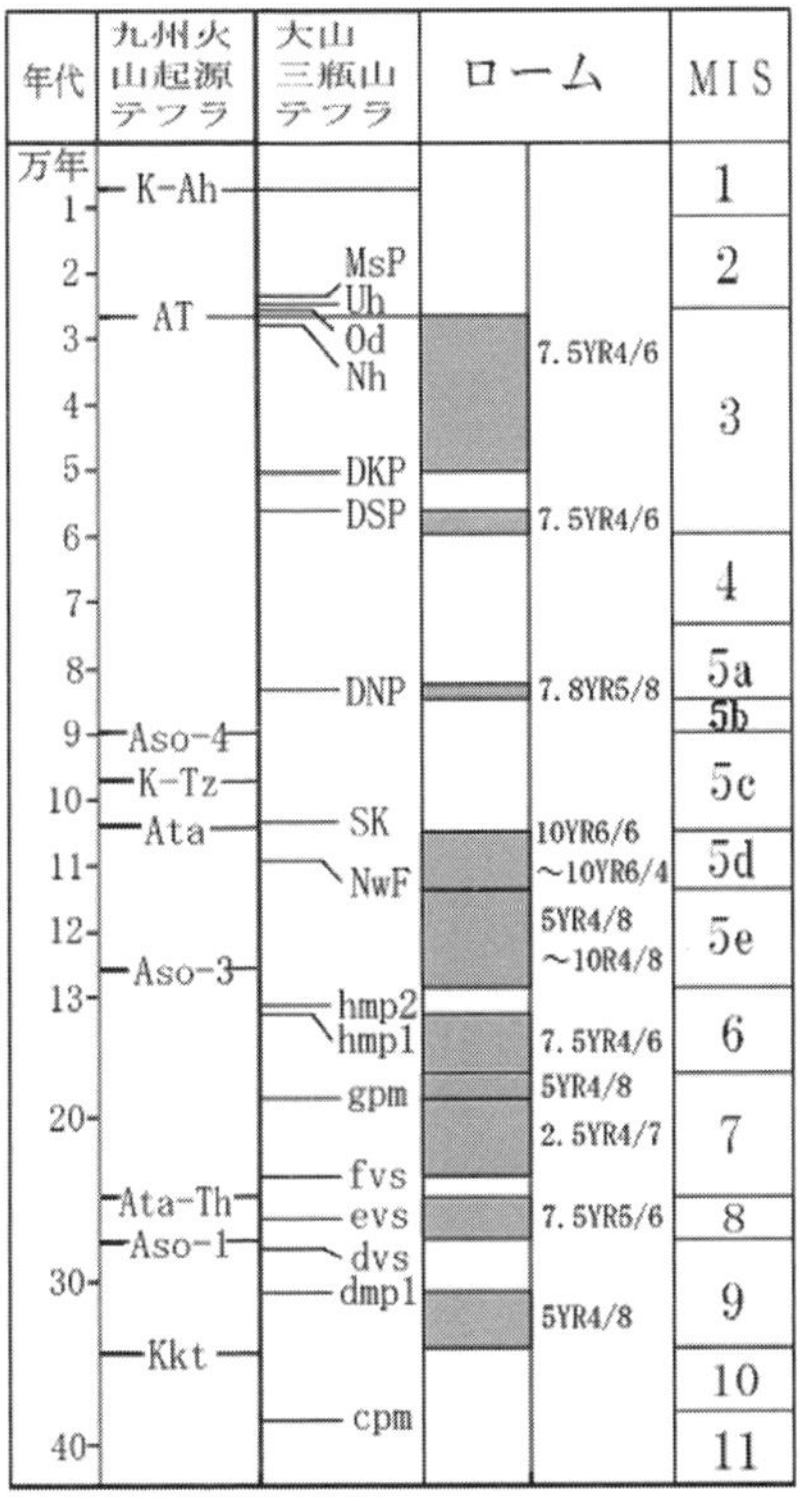

図24　鳥取県倉吉市桜の火山灰質レスの編年（成瀬ほか、2005）
▒の部分はローム

石英のＥＳＲ酸素空孔量の測定を行なった。それによると、火山灰はもっとも古くても三〇万年前であるので、なかに含まれる石英の酸素空孔量は〇に近い。これに対して五〜八ミクロンの大きさの微細石英の空孔量は多く、なかには一六・六を示すものがある。これは大山の周辺には分布しない先カンブリア紀岩の値であって、やはり遠くアジア大陸の先カンブリア紀岩地域から風で運ばれてきた石英としか考えられない。

桜では、少なくとも約三〇万年前にｃｐｍ火山灰が堆積した直後、ステージ10の氷期からレスの堆積が始まった。氷期には、強い風によって大陸や陸化した大陸棚から大量の風成塵が飛来堆積するとともに、大山山麓に堆積していた火山灰物質も加わって火山灰質レス層が形成されたのであろう。

桜断面のように、火山灰によってレスが被覆された場合には、長期にわたってレス層が保存されることが多い。したがって、今後、日本列島では約七八万年前までの古いレスが火山灰層の間に埋没したかたちで発見される可能性が大きい。

レスの堆積開始

一九世紀後半に始まった研究で、寒冷な時期に風成塵が多量に供給されたことによってレスが堆積し、温暖な時期に黄砂・風成塵が減少して古土壌が生成する、ということが繰り返されたことが明らかになった。それでは、地球上にいつごろからレスが堆積するようになったのであろうか。

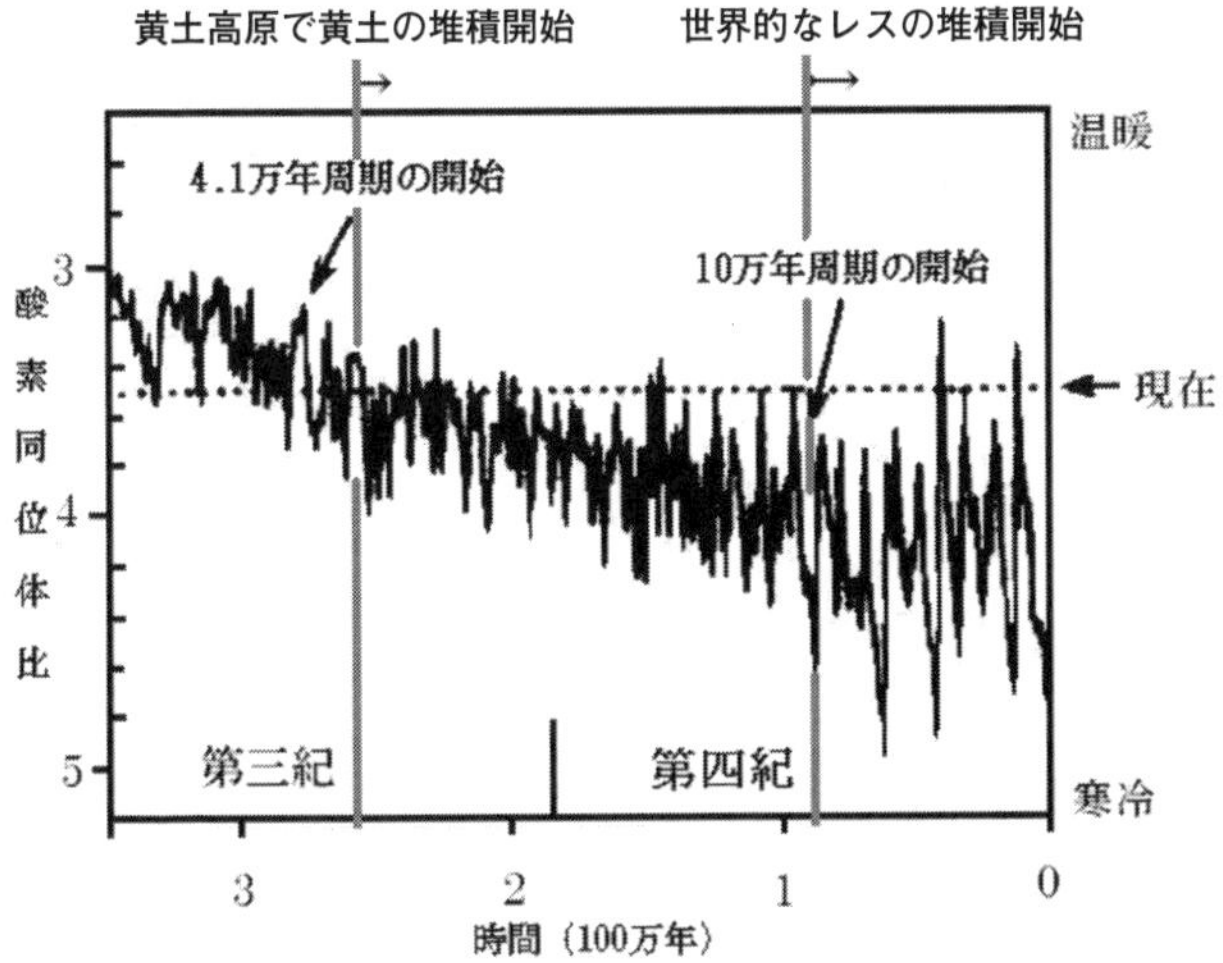

図25　過去350万年間の気候変動とレスの堆積開始時期（Picias & Delaney, 1999に加筆）

図25は過去三五〇万年間の気候変動図である。太平洋底で掘削された海底コアに含まれる微化石の^{18}Oと^{16}Oの比率の違いによって、過去の気候変動を復元したものである。

まず、二七五万年前までは現在よりも温暖な、いわゆる第三紀の温暖期である。その後、北半球では氷期が始まり、気温も低下するようになった。そして四・一万年周期で気候が変動するようになった。

この時期に対応するかのように約二六〇万年前から中国黄土高原において黄土の堆積が始まっている。それは、ヒマラヤ山脈とチベット高原が隆起して、南から吹きこむ夏季モンスーンが内陸部に進入できなくなったために沙漠が拡大しはじめたことが原因だろう。これに加えて、氷期には、崑崙《クンルン》山脈の氷河から岩粉が多く供給されて風成塵が増加したからであろう。このころの黄土は午城《ウーチェン》黄土と呼ばれている。

このほか、ロシアのドニエプル中下流域でもレスが堆積しはじめ、やや遅れて、氷河が発達する中央アジアのタジキスタンのチャスマニガルでもレスの堆積が始まった。

一七〇万年前になるとオーストリアのクレムスでもレス―古土壌が堆積・生成するようになり、中国でも下部離石《リーシ》黄土が堆積するようになったが、世界におけるレスの分布域はまだそんなに広くなかったのである。

レスが広域に堆積しはじめる時期

中期更新世が始まる約七八万年前ごろから、一〇万年周期で氷期と間氷期が激しく繰り返されるようになった。間氷期の気温は現在とほぼ同じであったが、氷期の気温は極端に低下するようになったのである。そのため、氷期には大規模な氷河が発達して氷河からの岩粉が増え、これを運ぶ風も強くなった。これに加えて、氷期には海面が低下して海洋面積が縮小し、海面温度も低くなったために海面から蒸発する水蒸気量が減少して、沙漠が拡大したのである。

オーストリア、チェコ、ハンガリーでは、レスの堆積が約九〇万年前から始まった。そしてフランス、ドイツなど多くの地域では、約七八万年前からレスの堆積が始まっている。北米大陸でも同様であった。中国では上部離石黄土の堆積が始まり、長江中下流域に分布する下蜀《シャーシュー》黄土もこの時期から堆積域を拡大するようになった。

このように約七八万年前あたりから、世界中にレスの堆積域が拡大するようになり、しかも一〇万年周期で繰り返す気候変動に対応するように、レス—古土壌の堆積・生成が一〇万年周期で繰り返すようになった。

前述のように約二六〇万年間の気候変動を連続的に記録している中国黄土高原の洛川《ルーチョン》と宝鶏《バオジ》の黄土断面は世界のレス研究の標準となる土地であり、今後もこの地域において約二六〇万年間のレス—古土壌編年やアジアモンスーン変動の復元、古土壌の帯磁（初磁化）率などの研究が進むものと考えられる。

東アジアでは、南京で約七八万年前、韓国で約四〇万年前（成瀬ほか、二〇〇六）、日本列島では鳥取県倉吉市や沖縄本島において約三〇万年前からレスの堆積が始まっていることが確認されている。したがって韓国や日本でも、今後、約七八万年前までさかのぼるレス—古土壌層が発見される可能性が高い。

黄砂・風成塵から見たモンスーン変動を知る

中国黄土高原では、黄土粒子の大きさによって、過去の冬季モンスーンの強さが復元されるようになっている。その根拠は、寒冷な氷期ほど優勢なシベリア高気圧が発達し、そこから吹き出す冬風がより粗い黄砂を運び、一方、温暖な間氷期にはシベリア高気圧が弱まるために風も弱まり、黄砂の大きさが減ずるからである。つまり、黄土粒子の大きさを調べれば、過去のシベリア高気圧の発達の度合いが復元できるというのである。

この考えにしたがって行なわれたグリーンランド氷床コアの研究などからわかった気候変動と、黄土高原の黄土粒子の大きさの変化がほぼ一致するという結果がいくつか報告されている。

一方、日本列島では、温暖期に夏季モンスーンが優勢になって降水量が増加し、流水が運ぶ粗粒物質が多くなり、逆に寒冷期には夏季モンスーンが弱体化して降水量が減るために流水物質が減少する。そのかわり、発達したシベリア高気圧から吹き出す冬季モンスーンが運ぶ風成塵量が多くなるのではないだろうか。この考えを検証するために、韓国済州《チェジュ》島と岡山県細池《ほそいけ》湿原を調べてみたことがある。

韓国済州島の南海岸には西帰浦《ハジンポ》マールがある。マールとは、噴火のさいにガスだけが噴出したために、火山特有の高まりができず、円い噴火口がぽっかりと開いているものである。西帰浦一帯は多孔質の玄武岩からなる台地で、台地上に降る雨水は地下に浸透するので、表流水はごく少ない。つまり、マールに堆積している厚さ九・二メートルの堆積物は流水が運んできたものではなく、そのほとんどは風が運んできた風成塵である。

京都大学の竹村恵二氏らがボーリングコアを掘削し、矢田貝真一ほか（二〇〇二）がマールの底の堆積物について粒子の大きさ、量、微細石英の酸素空孔量を分析したところ、二・六万年前まではア

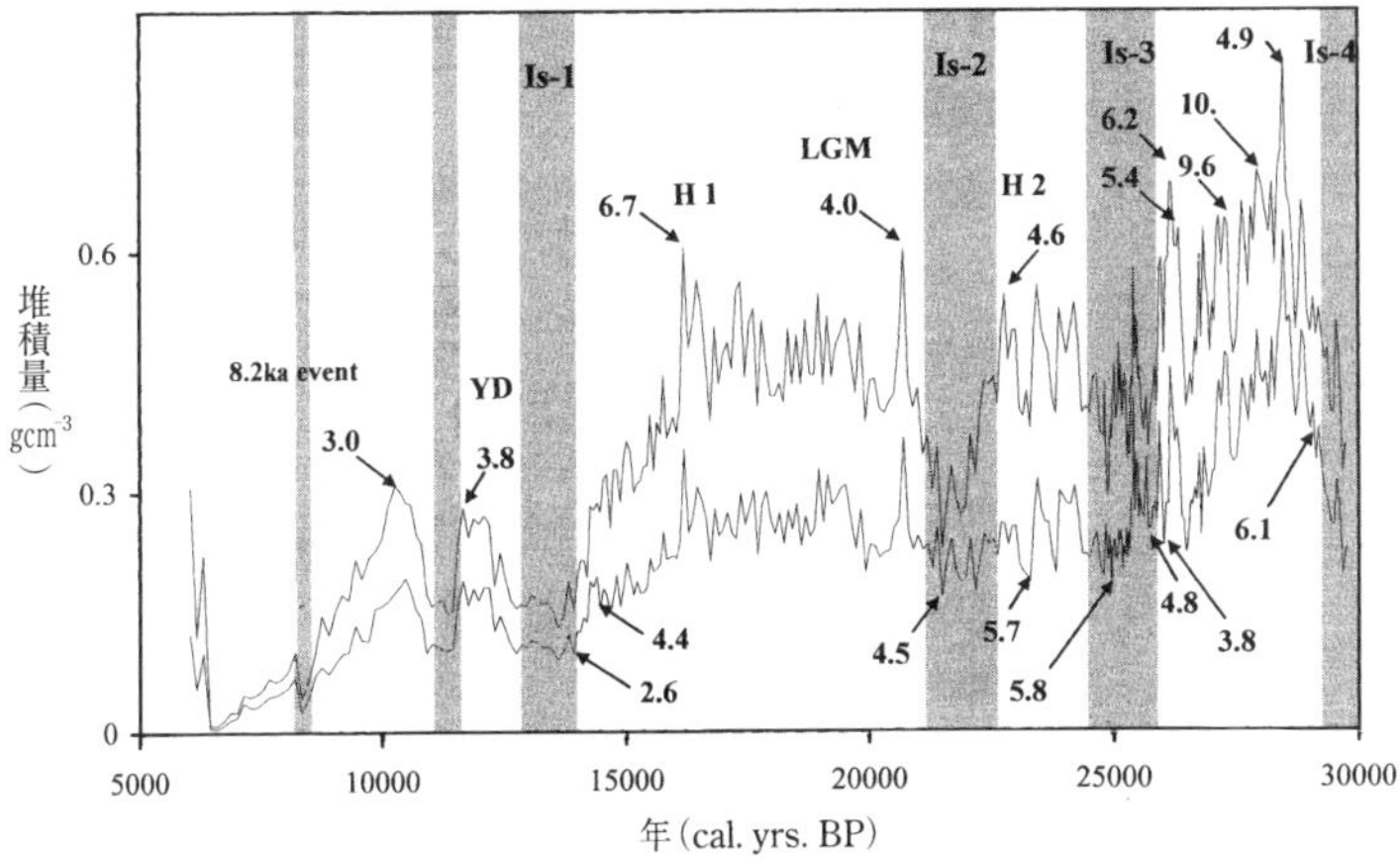

図26　韓国済州島西帰浦マールコアの風成塵堆積量（Yatagai *et al.*, 2002）
Is：インタースタディアル（亜間氷期）、YD：新ドリアス、LGM：最終氷期最盛期、H：ハインリヒイベント、8.2ka event：8200年前イベント（冷涼期）
数字は20μm以下の微細石英の酸素空孔量（1.3×10^{15}spin/g）

ジア北方の先カンブリア紀岩地域から北西季節風によって運ばれた風成塵が堆積していたことが判明した（図26）。

ところが二・五万年前から海水準が低下しはじめたために、第三紀層が広く分布する東シナ海が干陸化した。そして干陸化した黄海から、第三紀岩由来の酸素空孔量の低い風成塵が吹き上げられ、マール底に堆積するようになった。この傾向は再び海水準が上昇し、東シナ海が水没するまで続いた。

マール底の風成塵は、二・五万年前のハインリヒイベントＨ２やＨ１といったとくに寒冷な時期に多く堆積し、逆に亜間氷期にあたるインタースタディアル（Is）－４～Is－１などの温暖期に減少している。それは寒冷期に風が強くなったからだと思われる。

一方、温暖期には冬季モンスーンが弱くなったために、風成塵が細粒化した。しかし、Is－4～Is－1といった相対的に温暖な時期になっても二〇ミクロン以下の細粒な風成塵量には変化が見られなかった。そのかわり二〇ミクロン以上のやや粗粒な風成塵量が減少している。それは、やや温暖な時期になると風が弱くなり、二〇ミクロン以下の風成塵は依然として運ばれるが、二〇ミクロン以上の粗い風成塵はあまり運ばれなくなったからだと見られる。

このほか、風成塵の中央粒径値はH２やH１といった寒冷な時期に向かって徐々に粗粒化し、それに続くやや温暖なIs－4～Is－1に急に細粒化している。これは、気候がゆっくりと寒冷化し、冬季モンスーンもゆっくりと強まっていくこと、急激な温暖化によって夏季モンスーンも急激に強まったことを示している。このような粒度変化は、大西洋海底コアの分析結果が明らかにしたボンドサイクルというゆっくりとした寒冷化と急激な温暖化の繰り返しの気候変動にみごとに一致している。

細池湿原における流水環境の変化

岡山県の細池湿原は、鳥取県との県境、標高九六〇メートルにある幅二〇〇メートルほどの小さな湿原である。湿原の北側には標高一〇七〇メートルの玄武岩山地があり、ここから流れ出る川が細池湿原に流入する。

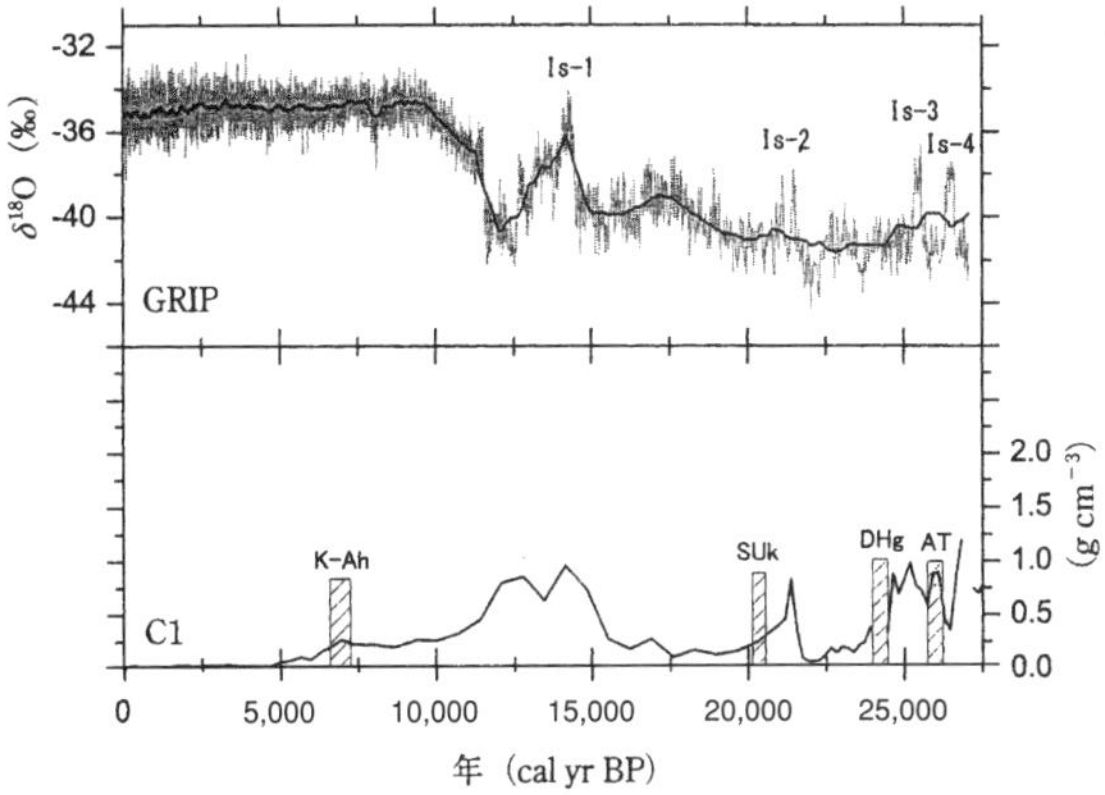

図27　岡山県細池湿原の無機物堆積量変化（成瀬ほか、2005）
GRIP：グリーンランド氷床コア、CI：細池コア
K-Ah：鬼界アカホヤ、SUk：三瓶浮布、DHg：大山東大山、AT：姶良Tn
cal yr BP：暦年代

この湿原には、最終氷期の三万年前から現在までの間に、厚さ約三メートルのシルト、砂礫、泥炭が堆積している。そして堆積物中にK‐Ah（鬼界アカホヤ）、SUk（三瓶浮布、阪手）、DHg（大山東大山）、AT（姶良Tn）の四枚の火山灰が見つかっている（**図27**）。

三万年前から二・四万年前にかけて、インタースタディアル（Is）‐4とIs‐3に降水量が増加したために、粗粒な礫や砂が混じる無機物が堆積した。この層に一〇％ほど含まれる微細石英の酸素空孔量が一三・五なので、現地性や火山灰の石英ではなく、先カンブリア紀岩地域から運ばれた風成塵であることがわかる。

寒冷で乾燥化した二・四万〜二・二万年前になると、細粒な風成塵が多く堆積するようになった。この時期は流水が少ない乾燥気候であり、大陸から風成塵が多く運ばれ、湿原に堆積したのだろう。しかしやや温暖なIs-2になると再び降水量が増加して流水物質が堆積するようになった。

最終氷期最盛期の二・一万～一・五万年前になると再び乾燥した環境に変わり、SUkとSUkの再堆積による三つのピークを除いて湿原には細粒な風成塵が増加し、流水物質が激減した。Is-1にあたる一・五万年前からは再び温暖化が始まり、降水量が増加した。そのため、当時、植生が少なかった斜面から流水物質が流れ出し、湿原に多く堆積するようになった。しかし一・一万年あたりから無機物量が減少するようになる。それはブナを主体にした常緑広葉樹林が山地斜面をおおいはじめ、土壌侵食を抑制するようになったためであろう。そして七〇〇〇年前からは、K-Ah層およびK-Ahの再堆積の影響が五〇〇〇年前まで続くが、全体的には無機物の堆積量が激減した。

このように細池湿原では相対的に温暖な亜間氷期に降水量が増加し、山地斜面に堆積した粗粒な玄武岩風化物、テフラ物質、風成塵が流水によって湿原に運ばれたこと、相対的に寒冷な時期に乾燥して流水物質が減少し、かわって風成塵が多く堆積するようになったことが明らかになった。

なお、ステージ3と2に対比される微細石英の酸素空孔量は九・八～一三・五であり、ステージ1は七・三～七・五であった。両者の違いは風成塵の給源の変化、すなわちステージ3と2では細池湿原がポーラーフロントの北側に位置し、アジア大陸の北方の先カンブリア紀岩地域から北西季節風によって風成塵が運ばれたが、ステージ1になるとポーラーフロントの南側に入り、中国内陸部の沙漠から黄砂が運ばれるようになったことを示している。

以上のように、三万年前以降においてGreenland Ice Core Project（ＧＲＩＰ）の$\delta^{18}O$変動に示された気候変動と、細池湿原の無機物量とがほぼ一致していることがわかった。

第9章

風成塵・レスの恩恵と災害

土の王様——チェルノーゼム

ヨーロッパのドイツ、ロシア平原、ウクライナ、シベリア南部の冷温帯ステップには、黒土チェルノーゼムが広く分布している。チェルノとはロシア語で黒い、ジョームあるいはゼムは土を意味し、土の王様といわれ、世界でも指折りの肥沃な黒土である。

同じような黒土は、アメリカ合衆国中西部のプレイリー土、南米のパンパ土などが知られており、両土ともやや雨量の多い地域に生成されるモリソルに分類されている。年降水量が四〇〇～五〇〇ミリメートルしかないロシア南部に比べて、アメリカ合衆国のコロラド州からミズーリ川にかけては年平均気温一一℃、年降水量四〇〇～九五〇ミリメートルであり、パンパも九〇〇ミリメートルほどである。

中国では東北平原の黄土地帯に黒土が広く分布しているほか、チェルノーゼムほどではないが黄土高原の上にも厚さ四〇センチメートルの黒壚土《ヘイルトゥー》が分布している。

　このほか、インドのデカン高原に堆積する綿花土レグールもレスを主母材にした黒土である。黒色を呈するレグールは、チェルノーゼムと同じように黒土の最下部に白い炭酸カルシウム集積層が発達しており、乾くと深い亀裂が入り、湿ると膨張する性質をもつヴァーティソルに分類される。

　いずれにしても、この地帯に共通しているのは、氷期に堆積したレスを主な母材として黒土が生成していることである。

　このレス地帯には長丈の草が生える草原が広がっている。草は春にめばえ、晩秋に枯れる。時には枯草が野火で焼けることもある。こうした状態が何千年も続いた結果、草木の腐植が土壌中に蓄積されて豊かな黒土ができたのである。それにはレスに多く含まれるカルシウムの役割が重要であったと思われる。カルシウムは腐植を吸着・固定する能力が非常に高いからである。このほか、草原の火事で生じた草木炭が腐植を吸着する役目を果たしたことも無視できない。

　このようにカルシウムや炭化物が、長い間に草原が供給し続けた腐植を吸着・固定し、やがて肥沃な黒土を生み出したのである。どうしてレスのなかにカルシウムが多く含まれているかというと、レスの給源に石灰岩が広く分布しているからである。氷河が谷を下るときに石灰岩を削ってできた岩粉がカルシウムの原料になっている。

　こうして誕生した黒土地帯は、小麦やトウモロコシといった穀類の主要な生産地になっている。私たちが毎日食べている穀物の多くは、こうした黒土地帯で生産されたものであり、黒土地帯が世界の穀倉といわれるゆえんである。つまり、私たちの生活は、長い氷河時代が残してくれたレス・黄土という自然遺産のうえに成り立っているといってもよいであろう。

サハラ沙漠の贈り物

サハラ沙漠は、毎年のように膨大な量の風成塵を周辺に供給している。風成塵はサハラ沙漠の岩が風化して生じた細粒物質からなるので、なかには栄養塩類と呼ばれる肥沃な養分が含まれている。したがってサハラ沙漠は、栄養塩類を沙漠周辺地域にもたらす供給源として重要な役割を演じている。

西アジアでも同じように多くの風成塵が運ばれ、レスが堆積している。とくに「肥沃な三日月地帯」と呼ばれるヨルダン山地―ザクロス山脈の南斜面は、南から運ばれてくる風成塵の恰好の堆積場であった。この沙漠レスの表層に、一・四万年前から始まった気候温暖化に応じて肥沃な土壌が形成されたのである。三日月地帯は小麦の原産地であり、この土壌は小麦の生育にとって良い土であった。

風成塵を運ぶ風にはいろいろな名前がついている。大西洋に吹く北東貿易風ハルマッタン、地中海方面に吹くシロッコ、ハムシンなどである。イスラエルに運ばれる風はギブリ、アラビア半島に運ばれる風はハムシン、エジプトに運ばれる風はハブーブと呼ばれる。冬になると寒気が南下し、北緯四〇度あたりで南の暖気と接し、低気圧が発生する。このとき、南からの暖気とともにサハラから風成塵が運ばれる。

この風成塵はイスラエルに新たな土壌母材と栄養分をもたらしてくれる。旧約聖書に「蜜とミルクの流れる土地」と記されたほど、イスラエルの地は適度な冬雨と豊かな土壌に恵まれていた。毎年のように風成塵が降り注ぐおかげで土壌が更新され続けたのである。

申命紀には、カナンの地は「平地にも山地にも川の流れがあり、泉や淵（の水）が流れ出ている土地で、小麦、大麦、ぶどう、いちじく、ざくろが実り、オリーブ油と蜜のある土地があり、あなたはそこで何不自由なくパンを食べることができ、何の不足などはないし……」（日本聖書翻訳委員会訳、二〇〇一）と書かれている。この描写は、厚い土壌が冬に降る雨を地中に蓄えてくれたおかげで地下水が豊富に湧き出し、そこに生える植物もまた豊かであったことを示唆している。

イスラエルの遺跡は、ことごとく土の下に埋もれている。死海のほとりにそそりたつ断崖の上にマサダ要塞遺跡がある。ローマ帝国に抵抗して戦ったユダヤの人びとの最後の砦として史実に名高い。このマサダの遺跡は孤立した岩山の頂上にありながら土の下に埋もれていたのである。この土は、マサダが放棄されてから二〇〇〇年間に、サハラやイスラエル南部からシナイ半島に広がるネゲブ沙漠から運ばれた風成塵が一メートル近く堆積したものであった。

イスラエルでは、風成塵が年間〇・五～一ミリメートルの割合で堆積し、肥沃な土壌母材になっている。しかし、空から降ってきた風成塵を主母材とする土壌は粒子間の間隙が大きく、乾燥すると深い亀裂が入り、団塊状になりやすい。そこに地中海特有の雷雨が地表に激しく降ると、土壌管理がおろそかな畑の土は容易に侵食されてしまう。

「勤勉で細心な者にとっては豊穣だが、少しでも油断すると雨が土壌を流し去り、すぐさま細々と羊を飼う以外に方法がない荒憮地に変わってしまう」というイスラエルの古くからの戒めは、イスラエルで生活を維持するためには土壌管理が大切であることを物語っている。

このため、古くから畑のまわりに畔を作り、雨が降る前に畑を耕して表面に凹凸をつけて雨が地表を侵食しないようにして土壌管理を行なってきた。このほか、雨が降る前に耕して土壌表面を柔らかくして、雨水が土中に浸みこみやすくするなど、土壌水分の補給も図ってきたのである。

しかし、長い歴史の経過とともにイスラエルの肥沃な土壌の多くは流れ去ってしまった。

砂に埋もれたインダス文明

インド北西部からパキスタンにかけてインダス河の下流域には、タール沙漠が広がっている。この沙漠の北部には、インダスの支流であるラビ川に臨む有名なハラッパ遺跡がある（図28）。この遺跡では一八五三年に最初の発掘が行なわれ、インダス文明を特徴づける「インダス式」と呼ばれる印章が出土している。

その後、ハラッパ遺跡から約六〇〇キロメートルも離れたインダス本流沿いのモヘンジョダロで一

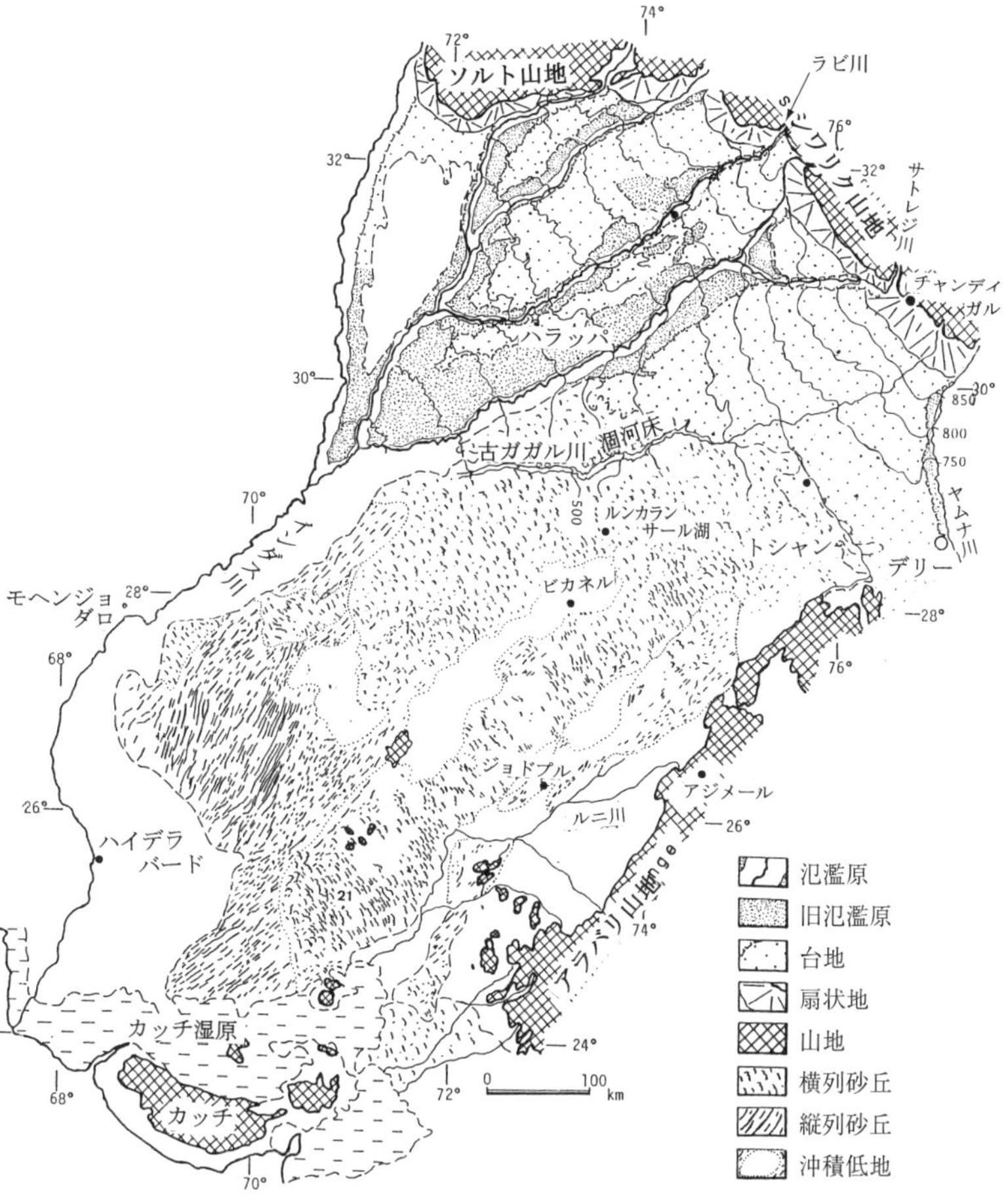

図28　インド、タール沙漠とパンジャーブ平原の地形（Naruse, 1985）

九二三年に本格的な発掘調査が行なわれている。世界的に有名なモヘンジョダロ遺跡からはハラッパで発見されたものと同じ印章が出土しているほか、おびただしい遺物と整備された都市遺跡が発掘され、インダス文明の一部が姿を現わしたのである。

この二つの遺跡に代表されるように、今日のパキスタンから北西インドにかけて、紀元前二八〇〇年ごろから先インダス文化がめばえ、前二五〇〇～前一五〇〇年にインダス文明が栄えたことが二〇世紀初頭に知られるようになった。その後も相次いで同時代の都市遺跡が発見され、現在ではハラッパやモヘンジョダロなどに代表される五都市を中心に、多くの遺跡が分布していることが知られている（近藤、一九九一、小磯、一九九五）。

ラジャスタン灌漑用水路工事中に発見された沙漠北部のトシャンの砂丘露頭断面では、最終間氷期（一二万～七万年前）の温暖で湿潤な時期に形成されたカンカルと呼ばれる炭酸カルシウム集積層の上に、最終氷期に発達した化石砂丘砂が堆積している。

この化石砂丘の上には、沙漠や氾濫原から運ばれた風成塵を母材とする沙漠レスが一五〇センチメートルほど堆積している。この沙漠レスは一・四万～三七〇〇年前に堆積したもので、雲母を多く含んでいる。沙漠レスに含まれる微細石英は酸素空孔量が一～二しかなく、それは第三紀石英の値である。それは、かつてこのあたりに広がっていた第三紀ティーテス海に堆積した石英砂が風によって運ばれ、植生のある土地に堆積して沙漠レスを形成したことを示している。つまり、この沙漠レスは、一・四万年前ごろからの温暖化によって、ヒマラヤ・チベット高原を熱源とする夏季モンスーンが活発化したことを物語っている。

インダス文明期に先立つ前五千年紀～四千年紀前半はヒプシサーマル期にあたる。当時はチベット高気圧が優勢であり、夏雨・冬雨ともに増加して、パンジャーブ平原やタール沙漠は現在よりも湿潤化した。このためルンカランサール湖などの湖水に流入する水が増加して、湖水域が拡大した。

この時期に、インダス流域では夏雨が増加し、氷期の巨大な化石砂丘の上にも植生が繁茂するようになった。一方、流量を増したインダス河の氾濫原には、上流から運ばれてきた大量の砂やシルトが堆積した。そして夏の南西季節風がインダス河氾濫原やタール沙漠の表面から風成塵を巻き上げ、風下に運び、植生におおわれた化石砂丘上や砂丘間低地に、肥沃な沙漠レスを堆積するようになった。

こうして前四千年紀の前半に、インダス本流からかなり離れた地域に農耕文化が現われた。そして前三千年紀になると、インダス流域全体に本格的に農耕文化を受け入れる条件が整った。

この時期に、夏と冬の降水量が増加し、流量を増した河川が肥沃な土壌物質を堆積したことも、条件のひとつではなかっただろうか。

トシャンの北西約一二〇キロメートルには沙漠のなかに長大な川の跡が残されている。一九四〇年代にタール沙漠を探検したオーエル・スタイン（一九四二）は、沙漠北部に幅数キロメートル、長さ四〇〇キロメートルにも及ぶ長大な河の跡「古ガガル川涸河床」を発見している。しかもその河跡のほとりには無数の遺跡が分布しており、これらの遺跡がインダス文明期のものであることが明らかになった。インダス文明はタール沙漠の下からも見つかっている。

その後、この地域は乾燥化した。現在は大きな砂丘が発達しているが、砂丘の下にはかつては耕地であった痕跡がいくつも見つかっている。すなわちインダス文明期に耕地であった場所が、その後、砂丘の下に埋もれてしまったのである。

寒冷化がもたらした悪風

粘土板に楔形文字で書かれた『ギルガメシュ叙事詩』は、英雄ギルガメシュがフンババを退治する物語としてあまりにも有名である。ギルガメシュはシュメル初期王朝（四六〇〇年前ごろ）の王である。

一九二七年にメソポタミアのニネヴェでその一部が発掘された粘土板は、その後も次々に発見されるようになった。この叙事詩は当時のベストセラーであったらしく、トルコアナトリア高原のヒッタイト帝国の都ボアズキョイやアルメニアなどからも『ギルガメシュ叙事詩』の粘土板が発見されている。

その第一一書板にウトナピシュテイムがギルガメシュに語って聞かせた大洪水の話がのっている（月本昭男訳）。

神々が人間を滅ぼそうと洪水を送ったときに、智恵の神エアが指示してウトナピシュテイムに方舟を作らせた。
その時がやってきた。（略）。天の基底部から黒雲が上がってきた。アダトはその［雲の］中から吼えた。（略）。
アダトの沈黙が天を走り、すべての光が暗黒に変わったかと思うと、その雄叫びで大地は［壺］のように壊れた。終日、暴は［風が吹き荒れ］激しく吹いて、大［洪水が］地を［襲った］戦争のように、［人々の］上に［破滅］走［った］。彼らは互いに見分けがつかなくなった。（略）
六日、七夜、
風が吹き、大洪水と暴風が大地を拭った。（略）。大洋は鎮まり、悪風はおさまり、大洪水は退いた。（略）そして、全人類は粘土に戻ってしまっていた。草地は屋根のようになっていた。

八九行目から一三四行目までの抜粋である。「草地は屋根のよう」とは、月本氏の脚注によると、古代メソポタミアでは一般に住居の屋根は粘土で作られていたからだという。
このときは、洪水が押し寄せてきただけではなく、暴風（悪風）が吹き荒れたために、人びとはお互いの顔も見わけることができなかったという。そして六日七夜にわたる大洪水の濁流と暴風による砂嵐が吹き荒れた結果、洪水が上流から運んだ粘土と砂嵐が運んだ風成塵が草地を一面におおった。

図29 トルコ、アナトリア高原の5700年前の洪水層（成瀬撮影）
厚さ7mの礫層は、5700年前の湿潤期に堆積した扇状地堆積物

このメソポタミアの洪水物語は、やがてヤハウェ信仰の立場から書かれた旧約聖書創世記に出てくるノアの方舟となって語りつがれる。しかし、『ギルガメシュ叙事詩』に出てくる暴風についての記述は、旧約聖書には見あたらない。『ギルガメシュ叙事詩』が作られたメソポタミアは、西方にネフド沙漠が広がるのに対して、旧約聖書が成立したイスラエルはネフド沙漠やネゲブ沙漠とは少し距離がある。このような地理的な違いが、両者の記述の違いとなって表われたのかもしれない。

こうした話は、西アジアにしばらく暮らしてみると、まんざら誇張でないことがわかる。低気圧が頻繁にやってくると、今まで雲ひとつなかった青空に突然黒雲がかかり、夕方のように暗くなる。強い風が吹き抜け、雷鳴とともに砂塵が巻き上がり、やがて大粒の雨が降りそそぐ。砂塵がひどいときは、叙事詩に書かれたように、あるいはヘディンが『アジアの沙漠を越えて』のなかで記述したように、すぐ近くのものでさえ見わけがつかなくなるほどひどい状況になることがある。

安田喜憲（二〇〇五）によると、メソポタミア都市文明が興る直前の五七〇〇年前ごろから地球規模で気候が寒冷化するようになった。

この寒冷化が低気圧を発生させ、大洪水と暴風を引き起こしたのであろう。気候の寒冷化は、北の冷たい気団の南下を促し、冷たい風が南の温かい空気の下に入りこんで、地表からおびただしい風成塵を巻き上げ、風成塵の壁を作り、大量の風成塵を運んだと見られる。

この寒冷化によって、西アジアを流れる河川の上流域では降水量が増加し、洪水が多発した。アナトリア高原の塩湖ツズ湖沿岸では、流量を増した川が扇状地を形成した証拠が残っている（**図29**）。

中国、東北《トンペイ》平原のそば栽培と風成塵

中国の東北平原には数多くの湿地が点在している。この湿地が生じたのは完新世になって降水量が増加するようになってからである。

最終氷期には中国東北部からシベリアにかけて優勢なシベリア高気圧が発達していたために、高気圧からの下降気流が卓越し、乾燥気候が支配的であった。このため、内モンゴルからシベリアにかけて広大な沙漠が広がっていた。それでも沿岸部だけは太平洋からの湿気が入りやすかったので、短い草が生えるステップ気候であった。このステップには沙漠から運ばれた黄土が厚く堆積して、広大な草原にはマンモスなどの大型哺乳動物が生息していた。

一・四万年前から温暖化が進み、太平洋から湿気が入りこむようになって、東北平原は降水量が増加して低地に湿地が形成され、泥炭地が形成されるようになった。この泥炭には植物遺体だけではなくて、空を運ばれてきた風成塵や砂丘砂が含まれている。そして草原では黄土を母材として黒土ができはじめた。平原の浅い谷底には厚さ三一〇センチメートルの泥炭が堆積しており、深度二九〇センチメートルの年代は四三一〇年前であった。

やがて、この地域に人びとが住み着き、耕地を広げるようになるにつれて森林が破壊されるようになった。森林破壊は二九〇〇年前あたりから本格化したようで、泥炭に含まれる風成塵量もしだいに増加するようになった（Makohonienko *et al.*, 2004）。

遼朝（九〇七〜一一二五）になるとそばの栽培がさかんになった。人びとはそば畑にするために競って森林を伐採するようになり、樹木の花粉量が激減した。かわって風成塵が急増するようになったのである。もともと黄土が堆積していた土地であるので、森林が伐採されると、そば畑から舞い上げられる風成塵が急に増加するようになったのだろう。

このように、風成塵は気候変動によって増減するだけではなく、人為的な環境破壊によって増加することもある。近年、中国で発生する砂嵐と風下に運ばれる黄砂の増加は、人為的な植生破壊や耕地拡大に起因するといわれるが、すでに一〇〇〇年前の遼朝にその萌芽が見られるのである。

トルネードと風成塵

アメリカ中西部には高い山脈がなく、大平原が広がっており、起伏が少ない。このために北から流れこむ冷たい空気と、南から運ばれる温かい空気がほとんど抵抗を受けずに、内陸部まで入りこんでくる。そして前線を境に両気団が接するようになる。

前線付近ではやがて大気のかき混ぜが発生する。南から左回りに温かい空気が北に入り、逆に北から冷たい空気が左回りに南に入りこんで渦巻きが生ずる。このとき、気温の差が大きいほど渦巻きのエネルギーが大きくなり、トルネードが発達する場合がある。

中西部では、六月ごろから突然、テレビでトルネード情報が発せられることが多くなる。西部で発生したトルネードは東に向かってものすごい速度で移動しながら、通過地域に甚大な被害を与える。このとき、地表から土壌もいっしょに巻き上げるので、畑地の土壌も甚大な風食被害を受けるのである。

トルネードは、各地で畑地土壌を巻き上げながら東に移動する。トルネードによって巻き上げられた風成塵は、ミズーリ川からミシガン湖までの距離約五〇〇キロメートルの範囲に堆積し、レスを形成している。

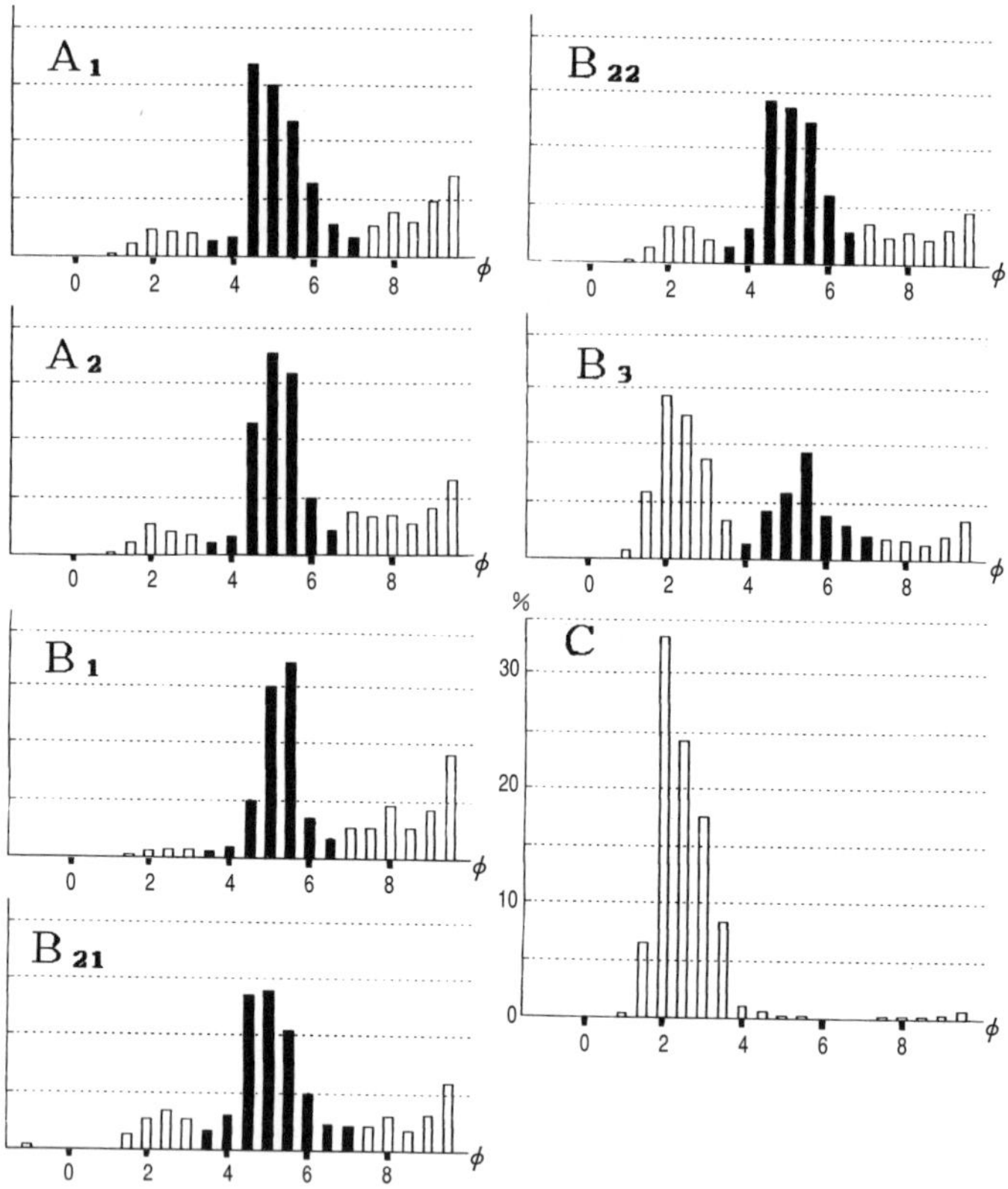

図30　ローリングストーンのレス土壌断面の粒度組成
黒は風成塵画分、A_1～C：土壌層位
ϕ値は、0：1mm、2：0.25mm、4：0.063mm、6：0.016mm、8：0.004mm

レスの大きさは東になるほど細粒化する。たとえば、ミズーリ川沿岸では中央粒径が三六〜五二ミクロンであるのに対して、ミシシッピー川沿いでは二五〜三五ミクロン、ミシガン湖沿岸では一六〜三〇ミクロンに減少する。そして、レスの厚さは、ミズーリ川沿いでは一九メートルほどであるが、東に向かうほど薄くなり、ミシガン湖になると六〇センチメートル程度になる。

こうして運ばれた風成塵は、氷河が運んできた漂礫層の上に累積して、やがて黒色のプレイリー土を生成していった。たとえば、ミシシッピー川沿いにあるローリングストーンのＡからＣまでの各土壌断面における粒度組成を見ると、下部Ｃ層は漂礫土の粗い物質からなるが、上層になるにつれて細粒な風成塵（四〜六ファイφ、一二〜六ミクロン）の画分が多くなる（**図30**）。

偏西風域に属するアメリカ合衆国中西部の大平原は、風成塵が母材となって肥沃な黒土が生成された典型的な場所である。とくにミズーリ川からミシガン湖畔までの広大な畑地土壌は、ほとんどが軽くて粘着性の低いレスを母材としているので、植生が破壊されて畑地に変えられると、風が吹いて簡単に舞い上がるのである。

毎日のように、ミズーリ川やミシシッピー川を航行する巨大な川舟が大量の農産物を世界各地に運んでいる。世界の穀倉と呼ばれるこの地域を支えてきたものは最終氷期の氷河が運んだレスであり、氷河期が終わってからも、たえずトルネードが風成塵を風下に運び、土壌を更新し続けた結果である。しかし、この関係を無視したものが「ダーティな三〇年代」と呼ばれるダストボウルであった。

『怒りの葡萄』とダストボウル

一九三九年に発表されたジョン・スタインベックの『怒りの葡萄』は、一九三〇年代にアメリカ合衆国のグレートプレーンズで大旱魃が発生したために大砂塵が吹き荒れるようになったオクラホマで、小作地から追い立てられた季節労働者ジョード一家がカリフォルニアに夢を託して移住しなければならなかった悲しみと、たくましく生きようとするアメリカ農民の姿をみごとに描き出している。

第一次世界大戦によって小麦価格が高騰し、もともと耕作に不向きだった土地にも開拓の波が押し寄せた。大規模農業経営者が進出してきたのである。もともと旱魃の危険のある半乾燥地域が無理に耕地化されたために、いったん旱魃年になると、風食を受ける地域が一気に拡大するようになった。それまで家族経営で細やかに畑地を管理し、耕作していた小規模農民がとくに被害を受けるようになった。この出来事がダストボウル dust bowl と呼ばれている。

ダストボウルというのは、砂塵発生地域が**図31**のようにサラダボウルのようにまるく、入れ物のような形をしていることと、砂塵が地面を転がるように運ばれたことに由来する。ダストボウルが発生した範囲はカンザス、コロラド、オクラホマ、テキサスの北部、ニューメキシコの北東部であった。

ダストボウルが発生した大草原グレートプレーンズは、年降水量が四〇〇ミリメートルしかない半乾燥地域である。しかも雨の降り方が不規則で、これまで何度もひどい旱魃の歴史が繰り返されている。この大草原の下には褐色の土壌が分布し、丈の短い草が生い茂っていたのである。

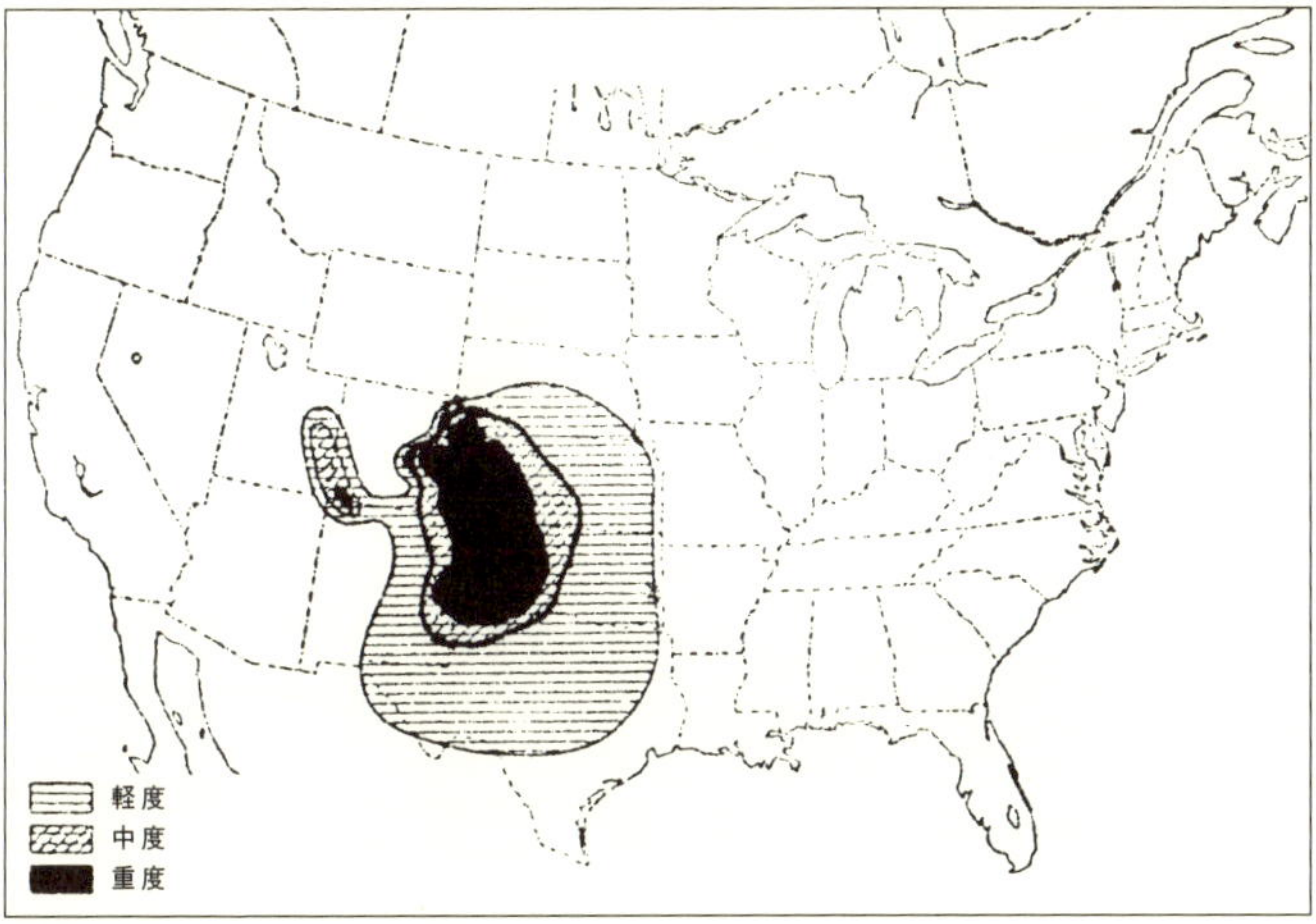

図31　ダストボウルの被害範囲（Choun, 1936）

この大草原に、一八八〇年代に最初の開拓の波がやってきた。しかし、一八九〇年に深刻な旱魃に見舞われたので、多くの農民は他の土地に移っていった。一九〇〇年代になると再び雨が降るようになったために、第二の開拓の波がやってきた。しかし、またも一九一〇年に旱魃に見舞われ、その被害は一八九〇年よりも大きかった。畑地土壌が風食によって失われたために、再び農民は土地を捨てて他に移っていった。

一九一四年になるとヨーロッパで戦火が起こり、世界的に小麦の需要が高まった。小麦の価格が高騰し、しかも雨に恵まれたために、これまで見向きもされなかった土地に大規模農業経営者が乗り出し、小麦栽培地域が一気に拡大した。耕地化面積は六〇〇万エーカーにも上ったという。この好景気は一九三一年まで続いたのである。

図32　1930年代、コロラド州のダストボウル（Dasmann, 1959）

一九三一年、アメリカは深刻な不況に陥った。さらにこの地を旱魃が襲った。耕地の土壌は風食を受け、一九三三年の秋には大砂嵐が発生した。このとき上空に吹き上げられた砂塵によって空一面が暗くなり、日没時には西の空が赤く染まったという。そして数百万エーカーが被害を受け、風食によって土壌は五〜三〇センチメートルも失われたといわれる。

風成塵が立ちこめた土地は、人や家畜に不適な環境となった。このため、家族経営の農民は、土地を捨ててカリフォルニアなどに移動していった。『怒りの葡萄』はこのときの物語である。

一九三〇年代には、年に四カ月間、平均月九個のトルネードが発生したという。空は瞬く間に黒くなり、何日間も太陽が顔を出すことはなかった。農機具は七五センチメートルもの砂の下に埋もれた。人びとは世界の終わりだと思ったという。家の中は埃だらけで、冷蔵庫のなかの食べ物も埃まみれであった。とくに呼吸器官に悪い影響があったようである。大規模機械化農業は、こまめに土壌保全を図り、土地に愛情を注ぐ農業をまったく否定してしまったのである（**図32**）。

この「ダーティな三〇年代」と呼ばれる原因は、旱魃期で降水量が少なかったことと、細やかな土壌管理を無視した誤った大規模農業経営、短期間に高い収益をあげるために自然の節理を無視した企業経営にあったとされる。小麦を栽培するために何度も進められてきた大草原の大規模耕地化、農業の商業主義化は、度重なる旱魃にさいして、その脆弱性が問われることとなった。そして、その被害の多くは弱者である家族経営の農家に押しつけられる結果となった。

この対策として、一九三五年に土壌保全局（Soil Conservation Service）が設立され、農民に新しい農業技術を伝えるとともに、耕地をもとの草地に戻すことなどが実施された。その結果、一九四〇年代に降水量が回復したこともあって、ダストボウルは過去のものとなった。

一九四〇年代になると第二次世界大戦が勃発し、アメリカ産の穀物類が海外市場に輸出されるようになった。その結果、穀物の値段が高騰したのである。このため、再びこの地域の草原が開拓されるようになり、耕地化が進んだ。そこに一九五〇年代の旱魃が起こった。

一九五〇年代の旱魃は一九三〇年代を上回り、農地や過放牧地で砂嵐が発生したが、政府機関の助言や援助があったために、農民は土地を離れることなく、近くの工場で働いたりして、かつてのように土地や家を見捨てることはなかった。

おわりに

日本のように黄砂・風成塵の量が多くないところでは、塵という概念に違和感を覚える人が多いと思う。しかし世界には、風で多くの塵が運ばれる地域のほうがむしろ多いのである。とくに大きな沙漠をかかえる国々では、沙漠から運ばれる塵のなかでの生活が普通である。これらの地域では、日本に黄砂がやってくる季節のように、必ず塵の季節がある。しかし、風が吹くたびに舞い上がる塵はやっかいなものである。

旧約聖書の創世記には、「ヤハウェは大地の塵をもって人を形造り、その鼻に息を吹き入れた。そこで人は生きるものとなった」。また、エデンの園（その二）の破壊と追放には「あなたは大地から取られたのである。あなたは塵だから塵に戻る」（月本昭男訳）とある。

こうした塵の多くは沙漠から風で運ばれた風成塵であり、なかにはいったん上流域に堆積した風成塵が侵食されて河水に混じって運ばれる泥もある。このような塵や泥は西アジアではごくありふれたものである。

古代に文明が興ったインダス河流域や黄河流域でも、塵はごく普通の存在なのである。タクラマカン沙漠の東端にあるローラン遺跡から出土した数千年前のミイラの肺には、生前に吸いこんだ風成塵が大量にたまっていたという。

沙漠から運ばれた塵は、毎年のように飛来しては土壌の母材となり、川もまた上流に降り積もった風成塵を洪水時に運んでくる。洪水は水を運んでくるだけでなく、肥沃な土壌母材も運んでくれるので、農作物の確かな収穫を約束してくれる。

したがって、古来より洪水は流域に住む人びとにとって重要なイベントであった。風成塵が溶けこんだ泥水が下流に運ばれ、やがて平野に堆積するからである。この泥から作った日干レンガは、短い耐用年数を過ぎると土に返る。人もまたいつかは土に返る。西アジアが「泥土の文化」といわれるのは、このような塵や泥を中心とした世界だからである。

仮に、この塵が飛来しなくなったらどうなるであろうか。毎年のようにやってくる風成塵によって土壌が更新されないようになると、雨が少なく厳しい自然環境にある地域だけに、たちまち土壌が疲弊してしまう。塵の影響で呼吸器官を傷めるなどというマイナス面もあるが、反面、風や水によって運ばれた塵は毎年のように畑地に栄養塩類をもたらしてくれるのである。スワップほか（一九九二）のように、広大なアマゾンの熱帯雨林を維持しているのはサハラから運ばれてくる風成塵であると考える研究者もいるほどである。

いっぽうで、杜甫の詩に出てくる塵に見られるように、塵という言葉は、芳しくない意味で使用されることも多い。とくに塵埃にまみれた俗世の意味で使われることが多い。

杜甫の詩には「塵」を詠みこんだものがある。栄華を誇った唐の都に残る荒れ果てた皇城を眺め「黄昏胡騎塵満城」(皇城もたそがれのごとく衰退し、今は胡の騎馬が立てる黄塵がかつて繁栄を極めた城中に満ちている)と詠っている。胡とは唐王朝を衰退に向かわせる乱を起こした安禄山が胡人であったことを暗にさしている(田川、一九九七)。

日本では黄砂・風成塵の学術用語として「風塵」を使うことがあるが、風塵とは、人のうわさ、俗世間、乱世などの意味として使うことのほうが多いのである。韓国で著された『金笠詩選』には「同朝旧臣鄭忠臣　抵掌風塵立節死」(わが国にも鄭公のような忠義な臣下がいて、素手で兵乱に立ち向かい、節を全うして死んだ)とあり、風塵が兵乱の意として使われている(崔碩義訳注)。

これまで述べてきたように、風で運ばれる塵埃に着目する研究が一八世紀から始まったのであるが、研究が進むにつれて、氷期に多く運ばれた黄砂・風成塵が肥沃な土壌母材として人類に寄与してきたことだけでなく、第四紀の高精度分解能による環境変動の復元に新たな展開を期待できることが明らかになってきた。やっかいものの塵埃の重要性が認識されるようになったのである。

現在では、風で舞い上がった細粒な風成塵やその堆積層を観測し、分析することによって、過去の気候変動、風系、モンスーン変動などを復元できる可能性が理解されるようになってきた。今後、いっそう風成塵・黄砂の高精度分解能の研究が進み、地球環境変動の復元が新たな展開を見せるのではないかと期待しているところである。

本書の出版にあたっては、甲南女子大学の木村重圭教授、兵庫教育大学の鈴木敏雄教授、同志社大学の松藤和人教授と林田明教授、京都フィッショントラック株式会社の檀原徹氏に多大なご教示を賜った。図作成にあたっては成瀬裕司氏に、中国語と韓国語の読み方については陳瑜氏、史静氏、黄昭姫氏にお世話になった。さらに築地書館の橋本ひとみさんほか編集部の皆様には編集段階から出版まで大変お世話になった。ここに厚く御礼申し上げます。

安田喜憲（2005）『森と文明の物語——環境考古学は語る』ちくま新書.
Yaalon, D.H. (1987) Saharan dust and desert loess: effect on surrounding soils. *Journal of African Earth Science*, 6, 569-571.
Yatagai, S., Takemura, K., Naruse, T., Kitagawa, H., Fukusawa, H., Kim, M. and Yasuda, Y. (2002) Monsoon changes and eolian dust deposition over the past 30,000 years in Cheju Island, Korea. 地形, 23, 821-831.
吉川幸次郎注（1981）『詩経国風上』岩波書店.
吉野正敏・鈴木　潤・清水　剛・山本　亨（2002）東アジアにおけるダストストーム・黄砂発生回数の変動に関する総観気候学的研究. 地球環境, 7, 243-254.
和辻哲郎（1935）『風土』岩波書店.
Zang, D. (1985) Meteorological characteristics of dust fall in China since the historic times. In Liu T. (ed.) *Quaternary Geology and Environment of China*, 101-106.

the Meditterranean. *Geoökodynamik*, 7, 41-62.

Rex, R.W., Syers, J.K., Jackson, M.L. and Clayton, R.N. (1969): Eolian origin of quartz in soils of Hawaiian Islands and in Pacific pelagic sediments. *Science*, 163, 277-279.

Richthofen, F. von (1877) *China*. 1, Berlin.

阪口　豊（1977）ダスト論序説. 地理学評論, 50, 354-361.

佐藤任弘（1969）『海底地形学』丸善.

サンゴ礁地域研究グループ編（1990）『熱い自然――サンゴ礁の環境誌』古今書院.

Schulz, H., Rad, U. and Erlenkeuser, H. (1998) Correlation between Arabian Sea and Greenland climate oscillations of the past 110,000 years. *Nature*, 393, 54-57.

小学館（1998）『スーパーニッポニカ　日本大百科全書』.

鈴木虎雄訳註（1978）『杜甫全詩集』第1巻, 日本図書センター.

下山正一・溝田智俊・新井房夫（1989）福岡平野周辺で確認された広域テフラについて. 第四紀研究, 28, 199-206.

Shin, J-B., Naruse, T. and Yu K-M. (2005) The application of loess-paleosol deposits on the development age of river terraces at the midstream of Hongcheon river. *Journal of the Geological Society of Korea*, 41, 323-334.

Smalley, I.J. (1975) *Loess-lithology and Genesis*. Academic Press.

Stein, A. (1942) A survey of the ancient sites along the lost Sarasvati. *Geographical Journal*, 99, 173-182.

Swap, R., Garstang, M. and Greco, S. (1992) Saharan dust in the Amazon Basin. *Tellus*, 44B, 133-149.

田川純三（1997）『杜甫の旅』新潮選書.

Teilhard de Chardin, P. and Yong, C.C. (1930) Preliminary observations on the preloessic and post-pontian formations in Western Shansi and Northern Shensi. *Mem. Geological Survey of China*, Ser.A, 8.

高橋睦郎（2003）『百人一首　恋する宮廷』中公新書.

Toyoda, S. and Naruse, T. (2002) Eolian dust from the Asian deserts to the Japanese Islands since the last Glacial maximum: the basis for the ESR method. 地形, 23, 811-820.

辻　直四郎（1974）『インド文明の曙――ヴェーダとウパニシャッドー』岩波新書.

月本昭男訳（1996）『ギルガメシュ叙事詩』岩波書店.

月本昭男訳（1997）『旧約聖書　創世記』岩波書店.

Virlet-d'Aoust, P.H. (1857) Observations sur un terrain d'origine météorique ou de transport aérien qui existe au Mexique, et sur le phénomène des trombees de poussière auquel il doit principalement son origine. *Geological Society of France Bulletin*, 2nd ser., 16, 417-431.

安田喜憲（1987）モンスーン大変動. 科学, 57, 708-715.

Middleton, N.J., Goudie, A.S. and Wells, G.L. (1986) The frequency and source areas of dust storms. In Nickling, W.G. (ed.) *Aeolian Geomorphology*. Allen and Unwin.
三宅泰雄・杉浦吉雄・葛城幸雄（1956）1955年4月旭川地方に降った放射性の落下塵. 気象集誌, 34, 226-230.
名古屋大学水圏科学研究所編（1991）『大気水圏の科学　黄砂』古今書院.
Naruse, T. (1985) Aeolian geomorphology of the Punjab plains and the north Indian desert. *Annals of Arid Zone*, 24, 267-280.
成瀬敏郎・小野有五（1997）レス・風成塵からみた最終氷期のモンスーンアジアの古環境とヒマラヤ・チベット高原の役割. 地学雑誌, 106, 205-217.
成瀬敏郎・鈴木信之・井上伸夫・豊田　新・養輪貴治・安場裕史・矢田貝真一（2005）岡山県細池湿原にみられる過去3万年間の堆積環境. 地学雑誌, 114, 811-819.
成瀬敏郎・北川靖夫・岡田昭明・豊田　新・矢田浩太郎・赤嶺和江（2005）鳥取県倉吉市桜における火山灰層間に埋没する古土壌の母材－風成塵の意義.日本第四紀学会講演要旨集, p.75.
成瀬敏郎・田中幸哉・黄　相一・尹　順玉（2006）レス－古土壌編年による韓国の更新世段丘・山麓緩斜面の形成期に関する考察. 地学雑誌, 115, 484-491.
成瀬敏郎（2006）『風成塵とレス』朝倉書店.
NHK・NHKプロモーション・東京国立博物館編（2003）『アレクサンドロス大王と東西文明の交流展』.
日本聖書翻訳委員会（訳）（2001）『旧約聖書III　民数紀・申命記』岩波書店.
岡田昭明（1998）強磁性鉱物の熱磁化特性によるテフラの同定. 鳥取大学教育学部研究報告（自然科学）, 47, 1-15.
小野有五（1988）最終氷期における東アジアの雪線高度と古気候. 第四紀研究, 26, 271-280.
太田陽子（1999）『変動地形を探る――日本列島の海成段丘と活断層の調査から』古今書院.
Pécsi, M. (1995) The role of princeples and methods in loess-paleosol investigation. *Geojournal*, 36, 117-131.
Petit, J.R., Mournier, L., Jourzel, J., Korotke-vich, Y.S., Kotlyakov, V.I. and Lorius, C. (1990) Palaeoclimatological and chronological implications of the Vostok core dust record, *Nature*, 343, 56-58.
Picias, G.N. and Delaney, M. L. (eds.) (1999) *Report of complex conference on multiple platform exploration of the ocean*. Vancouver.
Pumpelly, R. (1864) *Geological researches in China, Mongolia and Japan*. Smithonian Contribution to Knowledge, 202.
Pye, K. (1987) *Aeolian dust and dust deposits*. Academic Press, London.
Rapp, A. and Nihlén, T. (1986) Dust storms and eolian deposits in north Africa and

Proceedings, 35, 515-525.
甲斐憲二（2002）中国西域におけるダストストームの発生と黄砂. 地球環境, 7, 209-214.
環境省（2005）『黄砂パンフレット』.
環境省（2006）『黄砂問題検討会報告書集』.
金子史朗（2001）『古代文明はなぜ滅んだか』中央公論社.
木村純一・岡田昭明・中山勝博・梅田浩司・草野高志・麻原慶憲・館野満美子・檀原　徹（1999）大山－三瓶火山起源テフラのFT年代と火山活動史. 第四紀研究, 38, 145-15.
金　富軾・井上秀雄訳注『三国史記２』平凡社, 東洋文庫.
金　映信・金　相源・趙　慶美・金　正淑（2002）最近100年間の韓国における黄砂観測日数. 地球環境, 7, 225-231.
北川靖夫・成瀬敏郎・齋藤萬之助・黒崎督也・栗原宏彰（2003）北海道北部の重粘土における微細（3～20 μm）粒子および粘土鉱物の層位別分布――重粘土の母材への風成塵の影響. ペドロジスト, 47, 2-13.
小磯　学（1995）インダス文明と水のかかわり. 日本南アジア学会第8回全国大会報告要旨集, 43-46.
国立国語研究所（1959）『明治初期の新聞の用語』国立国語研究所報告, 15.
近藤英夫（1991）南アジア麦作文化の展開. 南アジア文明の展開と重層構造, 東海大学文明研究所.
Leonhard, K. C. von (1824) *Charakteristik der Felsarten*. 3, Joseph Englemann Verlag, Heidelberg.
Livingstone, I. and Warren, A. (1996) *Aeolian Geomorphology*. Longman
劉　東生（1985）『黄土与环境』科学出版社.
Lyell, Ch. (1834) Observation on the loamy deposit called 'loess' in the valley of the Rhine. *Geological Society of London Proceedings*, 2, 83-85.
町田洋・大場忠道・小野　昭・山崎晴雄・河村善也・百原　新（2003）『第四紀学』朝倉書店.
松藤和人・裵　基同・檀原　徹・成瀬敏郎・林田　明・兪　剛民・井上直人・黄昭姫（2005）韓国全谷里遺跡における年代研究の新展開. 旧石器考古学, 66, 1-16.
松崎寿和（1960）『新黄土地帯』雄山閣.
Makohonienko, M., Kitagawa, H., Naruse, T., Nasu, H., Momohara, A., Okuno, M., Fujiki, T., Liu, X., Yasuda, Y. and Yin, H. (2004) Late-Holocene natural and anthropogenic vegetation changes in the Dongbei Pingyuan, northeastern China. *Quaternary International*, 123-125, 71-88.
McTainsh,G.H. and Walker, P.H. (1982) Nature and distribution of Harmattan dust. *Zeitschrift für Geomorphology*, 26, 417-435.

162.
Fink, J. and Kukla, G.J. (1977) Pleistocene climates in Central Europe: at least 17 interglacials after the Olduvai Event. *Quaternary Research*, 7, 363-371.
鴈澤好博・柳井清治・八幡正弘・溝田智俊（1994）西南北海道－東北地方に広がる後期更新世の広域風成塵堆積物. 地質学雑誌, 100, 951-965.
Goudie, A., Livingstone, I. and Stokes, S. (1999) *Aeolian Environments, Sediments and Landforms*. John Wiley & Sons.
Hammer, C.U., Clausen, H.B., Dansgaard, W., Neftel, A., Kristinsdottir, P. and Johnson, E. (1985) Continuous impurity analysis along the DYE 3 deep ice core. In Langway, C.C., Jr., Oeschger, H. and Dansgaard, W. (eds.) *Greenland Ice Core: Geophysics, Geochemistry, and the Environment*. Geophysical Monograph 33, American Geophysical Union, Washington, D.C., 90-94.
ヘディン（1964）『アジアの沙漠を越えて』ヘディン中央アジア探検紀行全集 1，横川文雄訳, 白水社.
ヘディン（1966）『探検家としてのわが生涯』ヘディン中央アジア探検紀行全集, 11, 山口四郎訳, 白水社.
ヘディン（1984）『さまよえる湖』鈴木啓造訳, 旺文社文庫.
ヘディン（1984）『シルクロード』福田宏年訳, 岩波書店.
Heslop, D., Langereis, C.G. and Dekkers, M.J. (2000) A new astronomical timescale for the loess deposits of northern China. *Earth and Planetary Science Letters*, 184, 125-139.
Imbrie, J., Hays, J.D., Martinson, D.G., McIntire, A., Mix, A.C., Morley, J.J., Pisas, N.G., Prell, W.L. and Schackleton, N.J. (1984) The orbital theory of Pleistocene climate: support from a revised chronology of the marine $O^{18}\delta$ record. In Berger, A.L. *et al.*, (eds.) *Milankovitch and Climate, part I*, 269-305, Reidel.
井上克弘・吉田　稔（1978）岩手県盛岡市に降った赤雪中のレスについて. 日本土壌肥料学雑誌, 49, 226-230.
井上克弘・成瀬敏郎（1990）日本海沿岸の土壌および古土壌中に堆積したアジア大陸起源の広域風成塵. 第四紀研究, 29, 209-222.
Inoue, K., Saito, M. and Naruse, T. (1998) Physical, mineralogical, and geochemical characteristics of lacustrine sediments of the Konya basin, Turkey, and their significance in relation to climatic changes. *Geomorphology*, 23, 229-243.
岩坂泰信・箕浦宏明・長屋勝博・小野　晃（1982）黄砂の輸送とその空間的ひろがり――1979年4月にみられたる黄砂現象のレーザーデータ観測. 天気, 29, 231-235.
岩坂泰信（2006）『黄砂　その謎を追う』紀伊国屋書店.
Jackson, M.L. (1971) Geomorphological relationships of troposherically derived quartz in soils of the Hawaiian Islands, *Soil Science Society of America*

引用文献

An, Z.S., K., Porter, S.C. and Xiao, J.L. (1991) Late Quaternary dust flow on the Chinese Loess Plateau. *Catena*, 18, 125-132.

Anderson, J.G. (1926) Essays on the Cenozoic of Northern China. *The Geological Survey of China, Series A*, 123-125.

Anderson, R.S. and Hallet, B. (1996) Simulating magnetic susceptibility profiles in loess as an aid in quantifying rates of dust deposition and pedogenic development. *Quaternary Research*, 45, 1-16.

荒生公雄・牧野保美・永木嘉寛（1979）黄砂に関する若干の統計的研究. 長崎大学教育学部自然科学研究報告, 30, 65-74.

Bond, G., Broecker, W.S., Johnsen, S., Jouzel, J., Labeyrie, L.D., McManus, J. and Taylor, K. (1993) Correlations between climate records from North Atlantic sediments and Greenland ice. *Nature*, 365, 143-147.

Brownlow, A.E., Hunter, W. and Parkin, D.W. (1965) Cosmic dust collections at various latitudes. *Geophysic Journal*, 9, 337-368.

崔　碩義訳注（2003）『金笠詩選』東洋文庫.

Choun, H.F. (1936) Dust storms in the southwestern plains area. *Monthly Weather Review*, 64, 195-199.

中文大辞典編纂委員会（1973）『中文大辞典』中華学術院.

Danhara, T., Okada, K., Matsufuji, T. and Hwang, S. (2002) What is the real age of the Chongokni Paleolithic site. In Bae, K. and Lee, J. (ed.) *Paleolithic Archaeology in Northeast Asia*, 77-116, Hanyang Univ.

Darwin, C. (1845) An account of the fine dust which often falls on vessels in the Atlantic Ocean. *Proceedings of the Geological Society*, 2, 26-30.

Dasmann, R.F. (1959) *Environmental Conservation*, John Wiley & Sons.

Delany, A.C., Parkin, D.W., Goldberg, E.D., Riemann, B.E.F. and Griffin, J.J. (1967) Airborn dust collected at Barbados. *Geochimica et Cosmochimica Acta*, 31, 895-909.

Ding, Z.L., Xiong, S.F., Sun, J.M., Yang, S.L., Gu, Z.Y. and Liu, T.S. (1999) Pedostratigraphy and paleomagnetism of a ~7.0 Ma eolian loess-red clay sequence at Lingtai, Loess Plateau, north-central China and the implications for palaeomonsoon evolution. *Palaeogeography, Palaeoclimatology, Palaeoecology*, 152, 49-66.

頴原退蔵・尾形　仂（訳注）（1989）『新訂おくのほそ道』角川文庫ソフィア.

遠藤邦彦（1969）日本における沖積世の砂丘の形成について. 地理学評論, 42, 159-

【ら行】

【わ行】

【ま行】

【や行】

【な行】

【は行】

【さ行】

【か行】

索引

著者紹介

成瀬敏郎（なるせ・としろう）

1942年生まれ。

横浜市立大学文理学部卒業。広島大学大学院文学研究科博士後期課程修了。

文学博士。

広島大学文学部助手を経て、兵庫教育大学学校教育学部助教授、同大学院教授。

専門は、第四紀の風成塵の研究を中心とした自然地理学。

主な著書に、『第四紀学』（共著、2003年、朝倉書店）、『日本の地形 6　近畿・中国・四国』（共編著、2004年、東京大学出版会）、『風成塵とレス』（2006年、朝倉書店）など。

世界の黄砂・風成塵

2007年7月25日　初版発行

著者　成瀬敏郎
発行者　土井二郎
発行所　築地書館株式会社
〒104-0045
東京都中央区築地7-4-4-201
☎03-3542-3731　FAX 03-3541-5799
http://www.tsukiji-shokan.co.jp/
振替00110-5-19057
組版　ジャヌア3
印刷製本　株式会社シナノ
装丁　吉野 愛

 ISBN978-4-8067-1352-4

くわしい内容はホームページで。URL=http://www.tsukiji-shokan.co.jp/

●不思議な生き物たち

◉総合図書目録進呈。ご請求は左記宛先まで。
〒一〇四―〇〇四五 東京都中央区築地七―四―四―二〇一 築地書館営業部
《価格・刷数は、二〇〇七年七月現在のものです。》

ここまでわかったアユの本

変化する川と鮎、天然アユはどこにいる?

高橋勇夫＋東健作［著］ ◉5刷 二〇〇〇円＋税

アユ不漁と消えゆく天然アユ……。川と海を行き来する魚、鮎の秘密を探った本。川に潜ってアユを直接見てきた研究者がわかりやすく語る。◉ビーパル（渡辺昌和）評＝フィールドからのアユ学をまとめた一級の観察記録。

百姓仕事がつくるフィールドガイド

田んぼの生き物

飯田市美術博物館［編］ ◉2刷 二〇〇〇円＋税

春の田起こし、代掻き、稲刈り……四季おりおりの水田環境の移り変わりとともに、そこに暮らす生き物のオールカラー写真図鑑。魚類、爬虫類、トンボ類など24の種を網羅した決定版。

ヤマネって知ってる?

ヤマネおもしろ観察記

湊秋作［著］ ◉2刷 一五〇〇円＋税

体長8センチ、体重18グラム。クリッとした黒目にふさふさの毛。数千万年前から日本の森に住み、『不思議の国のアリス』にも登場するヤマネとヤマネの生活をユーモアたっぷりに紹介する。

犬の科学

ほんとうの性格・行動・歴史を知る

ブディアンスキー［著］ 渡植貞一郎［訳］ 二四〇〇円＋税 ◉4刷

生物学、遺伝学、認知科学、心理学などが、犬の常識をつくり替えようとしている。◉ニューヨーク・タイムズ評＝犬の科学研究の全分野をやさしくまとめて、これまでの誤りを正す。本格的な生物学にもとづいているのに、面白い。

メールマガジン「築地書館Book News」申込はhttp://www.tsukiji-shokan.co.jp/で

●生物多様性の本

移入・外来・侵入種
生物多様性を脅かすもの

川道美枝子＋岩槻邦男＋堂本暁子［編］ ◉2刷 二八〇〇円＋税

何が問題なのか。世界各地で、いま、何が起きているのか。日本のブラックバスから北米の日本産クズまで、第一線で活躍する内外の研究者が、最新のデータをもとに分析・報告する。

自然再生事業
生物多様性の回復をめざして

鷲谷いづみ＋草刈秀紀［編］ ◉3刷 二八〇〇円＋税

科学（保全生態学）と社会活動（NGO、市民）の視点から、自然再生事業とはどのようにあるべきなのかについてまとめた。その理念、基本的な考え方、実践例、関連する理論的、技術的な諸問題を幅広く紹介。

「百姓仕事」が自然をつくる
2400年めの赤トンボ

宇根豊［著］ ◉4刷 一六〇〇円＋税

田んぼ、里山、赤トンボ……美しい日本の風景は農業が生産してきた。生き物のにぎわいと結ばれてきた、百姓仕事の心地よさと面白さを語りつくすニッポン農業再生宣言。

里山の自然をまもる

石井実＋植田邦彦＋重松敏則［著］ ◉6刷 一八〇〇円＋税

◉全国農業新聞評＝自然保護のキーワードになっている里山を開発の対象にしてはならないと訴える。オオムラサキやギフチョウの望ましい管理法、カブトムシの役割や雑木林の多様性、湿地と植物の保全なども、わかりやすく解説している。

くわしい内容はホームページで。URL=http://www.tsukiji-shokan.co.jp/

●森・川と環境の本

森の健康診断
100円グッズで始める市民と研究者の愉快な森林調査

蔵治光一郎＋洲崎燈子＋丹羽健司［編］　二〇〇〇円＋税

森林と流域圏の再生をめざして、森林ボランティア・市民・研究者の協働で始まった、手作りの人工林調査。愛知県矢作川流域での先進事例とその成果を詳細に報告・解説した人工林再生のためのガイドブック。

緑のダム
森林・河川・水循環・防災

蔵治光一郎＋保屋野初子［編］　◉2刷　二六〇〇円＋税

台風のあいつぐ来襲で注目される森林の保水力。これまで情緒的に語られてきた「緑のダム」について、第一線の研究者、ジャーナリスト、行政担当者、住民などが、あらゆる角度から森林（緑）のダム機能を論じた本。

川とヨーロッパ
河川再自然化という思想

保屋野初子［著］　二四〇〇円＋税

ヨーロッパではなぜ、堤防を崩して広大な氾濫原を復活させているのか。その背景を景観保全運動、水資源管理政策の変遷からEUの河川管理法制にまでおよぶ取材で明らかにし、日本の水政策の進路を指し示す。

砂漠のキャデラック
アメリカの水資源開発

マーク・ライスナー［著］　片岡夏実［訳］　六〇〇〇円＋税

『沈黙の春』以来、もっとも影響力のある環境問題の本――ニューヨーク・タイムズ他各紙誌で絶讃された大ベストセラー。アメリカの公共事業の一〇〇年におよぶ構造的問題を暴き、その政策を大転換させた大著。

メールマガジン「築地書館Book News」申込はhttp://www.tsukiji-shokan.co.jp/で

●築地書館の本

先生、巨大コウモリが廊下を飛んでいます!

鳥取環境大学の森の人間動物行動学

小林朋道［著］　一六〇〇円＋税

自然に囲まれた小さな大学で起きる、動物たちと人間をめぐる珍事件を、人間動物行動学の視点で描くほのぼのどたばた騒動記。

あなたの「脳のクセ」もわかります。

ヘンプ読本

麻でエコ生活のススメ

赤星栄志［著］　二〇〇〇円＋税

究極のＬＯＨＡＳ［ロハス］植物、ヘンプのすべてがわかる本。大人気のヘンプアクセサリーから、バランスのよい栄養価で注目されるヘンプオイルまで暮らしに楽しくとり入れる方法を紹介。

農!黄金のスモールビジネス

杉山経昌［著］　◉5刷　一六〇〇円＋税

発想を変えれば農業は「宝の山」!　先端外資系企業の管理職をバブル期に脱サラし百姓となった著者が、これからの「低コストビジネスモデル」としての農業を解説。「ムリ」せず働き、やりがいがある。週休4日、時給3000円の新しい生活があなたにもできます。

オックスフォード・サイエンス・ガイド

コールダー［著］　屋代通子［訳］　二万四〇〇〇円＋税

科学の成り立ちから最近のノーベル賞学者の大発見まで、現代科学の姿を楽しく追うあいだに、知らず知らずに、モダンサイエンスの全体像がわかり、おのずと科学通になります!　中高生から、最先端の研究者までが楽しめる驚愕のサイエンスガイド。